小出 剛
Tsuyoshi Koide

個性は遺伝子で決まるのか

行動遺伝学からわかってきたこと

Do genes determine personality?

ケント「やはり星の力だ、天上の星のみが人の気質を左右しうる、さもなければ同じ男と女とから、こうも違った子が生れる訳が無い。」

――『リア王』（シェイクスピア著　福田恆存訳　新潮文庫）

はじめに

人はそれぞれ、「自分は他人とは違う」と思っています。なぜなら、自分が「自分自身」を見る「目」と、他人を見るときの「目」は違うからです。人は自分を見る際には心の目を通して見ます。そのため、自分についてわかりすぎている反面、客観的に見ることはあんがい難しいものです。一方で、他人を見る場合には、目で見たり話をしたりすることでその人を判断します。この場合、どこまで他人に関する正確な情報を得ているのか判断するのは難しいものですが、自分自身を見るときと違い、冷静に見ることは可能でしょう。このように、使う情報が大きく異なる以上、「自分は他人とは違うんだ」と思うのはごく自然なことなのです。

では、自分と他人は実際違うのでしょうか？　当然ですが、人はそれぞれ異なります。人は皆、個人個人に特有の性質である「個性」をもっているのです。それが本書のテーマです。そして、その個性が生み出される原因を、皆さんと一緒に探っていこうと思います。

私たち人は、自分自身がどのようにつくられたのか、その起源を知りたいという欲求をもっているようです。私の出身は愛媛県です。多くの部分が瀬戸内海に面したこののどかな地域には、遠い祖先が村上水軍だという人や、平家の落人の子孫だという人がよくいるようです。その真偽のほどは別にしても、500年、1000年とさかのぼれば、ご先祖様の「血」といってもずいぶん薄くなってしまいます。

たとえば「自分の勇敢な性格は、村上水軍のご先祖様から受け継いだに違いない」と言っている人がいたとしましょう。村上水軍が活躍していた500年前から、25歳の年齢で各世代の子供が生まれたとすると、すでに20世代が経過したことになります。そうすると、ご先祖様は20世代さかのぼって500年前の時点で2^{20}人、つまり100万人以上いることになります。これでは、遺伝学的にどのご先祖様の血を引いているのかなど、あまり意味のない議論になってしまいます。

それでも、このような古い時代にさかのぼって家系図を知りたい、つくりたいという人は、国内・国外を問わず相当いるようで、その作成を代行してくれる会社もあるほどです。自分の遺伝子とその性格のゆえんを祖先に求めていくのは、世界に共通した、とても興味深い人間の性ともいえます。

一方、とても近いところで、両親や祖父母の性格や職業に、自分の性格の由来を見出そうとする人もよく見受けます。たとえば「自分の怒りっぽいところは、おじいさんにそっくり」「あなたのおしゃべりなところは母方の家系と同じよ」というような話は、きっとどこかで聞いたことがあるでしょう。その個性の由来を、祖先の誰かに求めることができれば、人はなんとなく安心するのかもしれません。

性格の由来を、遺伝性が明確にわかっているものに関連づけて説明しようとすることも世の中にはよく見られます。血液型がいい例でしょう。血液型による性格占いは科学的根拠がないとくり返し否定されていますが、それでも世の中でもてはやされています。この占いではA型は几帳面、O型はおおらかなど、言葉巧みに帰属意識を刺激しつつ、誰にでもある一面をあえてあげることで、当てはまった印象を聞くものに与えます。

ABO式血液型は遺伝子により決定していて、子供の血液型は親から受け継ぐ遺伝子のタイプの組み合わせで決まります。遺伝子のタイプとは、同じ遺伝子でありながら、そこからつくり出される産物が微妙に異なり、その結果、働きや強さが違うものをさしています。遺伝子のそのようなタイプの違いは、対立遺伝子とよばれていて、人によって異なる組み合わせで遺伝子のタイプをもっていることがあります。

ＡＢＯ式血液型の決定に関わる遺伝子の場合、そのタイプはＡ型、Ｂ型、Ｏ型の3種類があり、父親と母親からそれらのどのタイプを受け継ぐかにより血液型は決まります。両親からともにＯタイプの遺伝子を受け継ぐ場合は簡単にＯ／Ｏと記載され、その場合、血液型はＯ型になります。ともにＡタイプを受け継ぐＡ／Ａ、あるいはＡタイプとＯタイプを受け継ぐＡ／Ｏは、どちらもA型になり、Ｂ／Ｂ、Ｂ／ＯはＢ型、Ａ／ＢはAB型というように、血液型は遺伝子により決まります。複雑な組み合わせはありえますが、Ａ型の両親から生まれた子供がA型になる確率はそれなりに高いので、血液型と性格とにかなり強い関係があれば、親から子へと性格が遺伝する顕著な例になるでしょう。

しかし、信頼のおけるどのような研究からも、血液型と性格との関連は示されていませんし、性格に関わる遺伝子を明らかにしようとした解析で、血液型を決定する遺伝子が性格に関わる遺伝子の候補として検出された研究はありません。それにもかかわらず、日本においては血液型性格占いが姿を消しません。マスコミなどでは、不十分なサンプル数でもっともらしく関連を示すことも多くあり、疑似科学とも非難されているようです。欧米ではこの血液型占いはまったく見られないそうで、日本などアジアの一部の地域だけのもののようです。私は3年間イギリスで生活したことがありますが、その間、血液型性格占いをイギリス人の友人たちと話題にしたことはありません。

このような科学的根拠に基づかない性格占いが、話題としてあがるだけならまだいいのですが、それを信じる人が出てくると大きな問題になりかねません。実際、社員募集で血液型を限定した会社が過去にはあったというので、笑いごとでは済まされないでしょう。遺伝と性格との関係を正しく知ることは、とても重要になっているのです。

このように、性格の由来を親や祖先に求めたり、あるいはそれらしい遺伝子との関連が話題になる一方で、その人の個性が生じた原因を過去の経験に求める場合もあります。「あなたが社交的なのは、子供のときに周りにお友達がたくさんいて、一緒に遊んでいたからよ」といった話や、「読書が好きなのは、子供の頃に読み聞かせをしっかりしたからだよ」などという話もよくあります。このように、性格が小さい頃の経験に由来するように話されるのは当然のことです。それは無理もありません。子供の教育は、このようになってほしいと思うほうに経験を重ねることで性格を導くのが目的なのですから。

これとは逆に、うまくいかなかった場合も、何かの経験にその原因を求めることがよくあります。「言うことをまったく聞かなくなったのは、甘やかしすぎたからかしら」なんて話はどこでも聞くことですが、「あなたがいつもだらしないから、この子まで似てきたじゃない」などと言われると身も蓋もありません。

このように、私たち人は、その個性の由来を遠い祖先の血に求めたり、何か過去の特定の経験に求めたりしているのです。なんとなく聞き流しているこのような会話ですが、「本当はどうなっているの？」と思う人もいるでしょう。どのようにして人の個性はできあがっていくのでしょうか？　遺伝子と経験はどのように個性と関連しているのでしょうか？　本書では、このような問いに対して、現在わかってきたことを、できるだけわかりやすく説明するよう心がけました。本書は以下のような章の構成で、専門的な知識があまりなくても読めるように気をつけて書いたつもりです。

まず、第1章では、個性とは社会のなかで何を意味しているのか、人が生活していくうえで、どのような役割を果たしているのか、動物の例も示しつつ考えてみたいと思います。

第2章では、個性というものが科学的にどのように研究されてきているのか見ていきます。心理学的な意味での個性と、脳科学における個性の研究が、どのように進められているのか紹介します。

第3章では、個性の形成において、遺伝子と環境はどのように関わっているのか、またその役割をどのように考えればいいのか、これらの研究の歴史とともに紹介します。

第4章では、個性の形成に関わる重要な因子である遺伝子について、いったいどういうものなのか、またその遺伝子に異常が生じるとはどういうことなのか、できるだけわかりやすく解説します。

第5章では、個性が極端になった場合に生じるともいえる、心の病気について見ていきます。心の病気に関する遺伝子の研究は、その重要性から精力的に研究が進められてきました。こうした研究はどのように行なわれているのか、どのようなことがわかってきたのか、紹介したいと思います。

第6章では、人の性格に関わる遺伝子の探索と、その研究を通じてわかってきたことを紹介します。

第7章では、人での研究が難しい部分を、モデル動物であるマウスを用いて明らかにしていこうとする試みについて紹介します。

第8章では、ゲノム科学の研究が現在どのように進められていて、個性を理解するうえで、どのような情報を提供しうるのか見ていきたいと思います。

最後に第9章では、ゲノム情報が私たちの生活でも身近になりつつあるいま、個性と遺伝子の関係について考えてみたいと思います。

本書を通じて、個性がどのように成り立っているのか、その背後にある遺伝子との関係はどのようなものか、なんとなくでもつかんでもらえれば幸いです。

個性は遺伝子で決まるのか　もくじ

第3章 個性に関わる遺伝と環境

第4章 遺伝子とその変異がもたらすものとは

第5章 遺伝子と心の病気の関係を探る

第6章 個性を決める遺伝子は本当にあるのか？

第7章 個性に関わる遺伝子をマウスで調べる

第8章 個性研究の最前線

第9章　思ったより複雑な個性と遺伝子の関係

第1章

社会と個性

個性的な4人の仲間

仲のよい4人が、ちょっとした、でも10代初めの少年たちにとっては、とても大きな冒険の旅に出ました。ゴーディーとクリス、テディ、バーンの4人は、いつも一緒に遊んでいる仲間です。ゴーディーは内気で、しかも兄が事故死したことにより自分は親の愛情をあまり受けていないと不満を感じていますが、想像にふけりつつ物語を書くのが得意です。クリスは親分肌で正義感が強く、自分の将来に不安を感じているにもかかわらず、いつも仲間を大事にしています。テディは、戦争で英雄となった父にあこがれているものの、過去に自分を虐待し、現在は精神的に病んでいる父に複雑な感情を持っています。バーンはのろまで怖がり、しかもうっかりして失敗することも頻繁にあります。この4人が喧嘩をしながらも友情をはぐくみつつ、旅をします。噂で耳にした、線路沿いにあるという死体を探しにいくのです。これはいうまでもなく1986年に公開された映画『スタンド・バイ・ミー』のなかの話です（図1）。

図１　映画『スタンドバイミー』の一場面、4人の仲間（左からゴーディー、クリス、テディとバーン）。© Capital Pictures / amanaimages

ノスタルジックで、誰にでもある少年・少女時代の思い出を呼び起こしてくれる、この有名な映画では、それぞれの少年の性格の違いが見事に描き出されています。少年たちの個性が、まるでジグソーパズルのピースのように凹凸を埋めており、この映画のストーリーのなかで重要な役割を果たしているのです。

このような映画を引き合いに出すまでもなく、私たち人には明らかな個性の違いが見られます。その個性があるからこそ、人の社会は多様性に富み、全体としてのバランスをうまく保っているのです。

2　社会がいま個性を求めている？

高度経済成長も遠い過去の話となり、バブル期もいまではまるで一夜の夢だったような気がします。しかし日本にも、活気にあふれる時代がたしかにあったのです。まさにその時代に、電機メーカーのソニーは、積極的な商品開発を進めて、ウォークマンのような独自の商品を世に出し、世界的な大ヒットを生み出しました。これは、パーソナルな音楽を外に携帯できるようにしたという意味で、人々の生活を劇的に変えたともいえます。ソニーの積極的な商品開発を支えたのは、創立者の井深大や盛田昭夫の高い能力はもちろんのことですが、彼らのもとに集まった個性的な人材と、それを生かす社風にあったともいわれています。

しかし、その個性的であったソニーは、世界的な企業となったあとは独自性を出すことに苦しみ、商品の開発競争のなかで、経営の停滞が長く続いています。このような状況は何もソニーに限ったことではなく、多くの大企業で見られます。ひとたび独自性の高い商品を開発しても、すぐに他の企業が追随し、やがて独自色はなくなってしまうものです。これに対応するためには、常に新たなアイデアを生み出し、さらに研究して商品を開発するだけのちからを持ち続けることが必要なのです。しかしそれは、口でいうほど簡単なことではありません。

日本において長く不況が続くなか、多様性を育てて個性的な人材を生かす必要があるといった意見を見聞きすることが多くなってきました。会社の求人においても、「個性を重視する」「個性的な人材を求む」「個性を生かす」など、どこでも目にする言葉になりつつあります。独自性の高いアイデアを生み出し、多様な視点から会社の発展を目指すということなのでしょう。

でも、少し慎重に考えてみる必要があります。個性はすべてプラスに働くとは限らないのです。普通に考えれば、社交的であったり、忍耐強かったり、行動的であったり、創作意欲にとんでいたりといった個性は、会社でも好まれることが多いでしょう。しかし、人と話をするのが苦手であったり、きれやすかったり、何もしようとしなかったり、自分から何かつくろうとしなかったりなどといった個性は、会社では敬遠されるように思います。

ここに個性の難しさがあるのです。実際には、どういう個性が役立つか判断するのは難しいものです。後でも述べますが、人の個性は多数の要素からなっています。たとえひとつ大きな欠点を抱えていても、他にすぐれたことはあるものです。何かに秀でていても、どこかに欠点をもっているものです。会社や社会で直接に役立たないように思えても、それが間接的に、あるいは後になって役に立つこともあるかもしれません。そういう効果を誰が予測できるでしょう。

3　多様性こそ種が生き残るための原動力

人の性格は個人個人で異なります。人には個性の多様性、つまり個人差が見られるのです。この個性の違いは、社会のなかでどのような役割を果たしているのでしょうか？　個性の多様性は人だけに見られるものではなく、他の動物でも一般的に見られます。個性は動物が生きていくうえでも重要な役割をしてきたはずです。そこで、人の社会について考える前に、まずは動物の世界を見てみましょう。

子供の頃に網を持って近くの小川でメダカをとったことはありますか？　最近はなかなか体験できませんが、かつては子供たちの楽しみのひとつでした。小川の流れの波間によく目を凝らすと、小さなメダカが集まって泳いでいるのが見えます。魚が集団で泳ぐのは、前後・左右・上下からくる捕食者に対して集団で注意を払い、身に迫る危険をいち早く察知して逃げるうえで有効だからです。また、仮に捕食者が襲っても集団で逃げられると、捕食者としては狙いを定めにくくなります。

しかし、このようなメダカも必ずしもすべて同じではありません。人の影が見えるとすぐに逃げてしまう集団もいれば、ある程度近づいても逃げない集団もいます。当然、子供の頃には、比較的捕まえやすいメダカを狙って一気に網を入れたことを思い出します。文字通り一網打尽にするのです。一方で、すぐに逃げてしまうメダカは捕まえるのが難しくて、最初から狙いませんでした。おそらくこういう臆病なメダカは捕食者にもつかまりにくいので、生存率は高くなるでしょう。一方で、臆病なメダカは常に周囲を警戒するために、餌をとったり繁殖したりする際の効率が悪く、繁殖率の低下につながります。

メダカを研究に用いる際には、捕獲した野生メダカを交配させて、生まれた子供をまた交配するようにして、多くの世代を経過した系統というものを使って実験を行ないます。そうすることで、系統の間の違いを比較して、遺伝的に異なった個体間の特徴の違いを調べられるのです。

竹内秀明らのグループは、野生メダカからつくられた、いくつかの系統を使って、魚の上から照らしていた照明を突然暗くする視覚刺激に対して、メダカが示す逃避反応が系統間でどの程度異なるか調べました。その結果、系統間で刺激への反応に顕著な違いがあることを見出しました。また、くり返し視覚刺激を提示されると、反応性の高い系統は慣れを示しませんが、反応性の低い系統はすぐに慣れて、5回目の刺激提示ではほとんど逃げなくなりました。このように、遺伝的に異なるメダカは視覚刺激に対する逃避反応が顕著に違っていることを示したのです。

種のなかの個体が多様であることは、リスクを分散させる意味でも重要だと考えられます。逆にいうと、多様性の少なくなった種は、場合によっては生存できなくなるという、大きなリスクを抱えることにもなるのです。実は日本の野生メダカは、環境省が２００７年に公表したレッドリストで絶滅危惧Ⅱ類に分類され、絶滅の危険が増大している種とされています。このようになってくると、種内の遺伝的多様性は少なくなってくるため、その行動の多様性もどれだけ維持されているか心配になってきます。すでに近くの小川で泳いでいるメダカを見ることはあまりありません。こうした集団の縮小による多様性の低下は、メダカの種の存続において大きな問題となっているのです。

山のほうに足を延ばして、野生のニホンザル集団のいる公園などに行くと、人に積極的に近づく個体と、人と距離をおいている個体がいることに気づきます。探求心にあふれて人里に近づく個体は、畑などで新しい餌場を開拓し、より豊富で栄養価の高い食物を得て繁殖に有利になります。その一方で、人による捕獲や天敵との争いに敗れて、命を落とすリスクも増えることになります。このリスクは、サルが人里へ接近するのを人が許容するかしないかで、大きく違ってきます。

探求心はこのように、ある場合にはサルの集団にとって適応的であるものの、人が許容しない環境では高い淘汰を受ける対象になるのです。このような例は、多くの野生動物で共通した問題となっています。シカやイノシシ、さらにはツキノワグマなども、頻繁に人里にあらわれて人と遭遇したり、農作物に被害を与えたりするようになっています。このように、人里に近づく個体と山の奥で暮らす個体がいて、それらが生息域の多様性を生み出していると考えられます。

夜中に台所の電灯をつけると壁に黒い親指大のものが……。多くの人が嫌うゴキブリでさえも個性があることが報告されています。ベルギーのブリュッセル自由大学に所属するアイザック・プラナス博士らのグループは、16匹の雄のゴキブリの背中に無線発信用チップを貼りつけて、どこにいるか検出できるようにしたうえで、円形の広くて明るい場所（オープンフィールド）のなかに放す実験を行ないました。フィールドのなかにはすべてのゴキブリが隠れることができる暗いシェルターも設置しました。フィールドに放たれたゴキブリのなかには、すぐにシェルターの中に隠れる個体もいれば、大胆に明るい場所にとどまる個体もいたのです。このことから彼らは、ゴキブリにも個性があることがわかったと報告しています。

動物ではこのように、危険を顧みずリスクを負いながら生活する個体と、不安傾向が高く安全を好む個体がいることにより、集団内で各個体が微妙に役割分担をしているのです。仮にすべての個体が、警戒心が低くて冒険的だったらどうでしょうか？　群れは常に危険にさらされることになります。一方で、危険を恐れて安全と思われるところに留まるだけの個体ばかりで群れがつくられているとどうでしょうか？　群れは十分な餌をとることができず、繁殖力が低下し、新たな生息域の開拓もできないまま、やがては群れが絶えてしまうでしょう。

集団サイズが極端に小さくなった動物が絶滅しやすくなる原因として、近親交配をくり返すことによる繁殖力の低下があげられますが、個体の多様性の減少による適応力の低下も大きく影響していると考えられるのです。このように、集団内にさまざまな個性の個体が共存することにより、より多様な環境で集団は生き残ることができ、また将来起こりうる環境の変化に耐えて対応するちからを持てるのです。

4　人における個性の役割

　では、人の社会はどうでしょうか？　私たち人を単純に野生動物と比較するのはどうかと思うかもしれません。しかし、人の社会が動物集団と異なる理由を探すのも難しいものです。野生動物のように、種の存続という視点から見ると違和感もあるでしょうが、人社会のしくみと比較すると受け入れやすいかもしれません。

　人の社会はとても多様な人たちでつくられています。たとえば同世代の集まりである学校を見るとよくわかります。教室を見渡せば、積極的に発言する生徒、物静かな生徒、スポーツ好きな生徒、読書の好きな生徒、先頭でリードしたがる生徒……、控えめな生徒、一人でいることの多い生徒、群れる生徒、思慮深い生徒、お調子者の生徒、それぞれの生徒が個性を持っているのがよくわかります。このような個性の違いがあるからこそ学校の活動は成り立ちます。

高校で体育祭をするとしましょう。スポーツ好きの生徒は活躍するチャンスです。しかし体育祭はそれだけではありません。クラスの応援の内容を考えたり、飾りつけをする必要があるでしょう。応援について決めるためには、意見をまとめて皆が納得のいくものを決める人も必要ですし、緻密に準備のためのスケジュールや材料を考える生徒も必要でしょう。大ざっぱな飾りつけをつくる生徒や、黙々と細かな部分の色づけをする生徒も必要かもしれません。このように多様な生徒が役割分担をすることで、行事は成り立つのです。

このようなことは、社会でもそのまま、あるいはそれ以上に反映されているともいえます。会社のしくみを考えても、多様な人材で業務の役割分担をすることは欠かせません。会計業務に強い人、営業の上手な人、対外交渉のうまい人、プロジェクトを考える人、商品開発の上手な人、モノをつくる人など、考え方や得意とすることが違う人々がそれぞれ役割を果たしているのです。

社会全体としては、違う興味と能力を持った人がそれぞれ活動することで、さまざまな文化が生まれて経済も成り立っています。たとえば、音楽好きの人がいるおかげで楽器店は成り立ちますし、読書好きあるいは勉強好き（必要に迫られている場合もあるかもしれませんが）の人がいるおかげで書店は成り立ちます。教育熱心な親がいるからこそ塾や通信教育は成り立ちます。サッカー好きの人がいるからＪリーグはやっていけるでしょうし、体づくりに熱心な人がいるからスポーツジムがありますし、健康食品に熱心な人がいるからサプリメントが売れるのです。食事好きの人がいるからグルメのレストランはやっていけるのでしょうし、酒好きや、あるいはワイワイ騒ぐことが好きな人がいるから居酒屋は繁盛します。日本食が好きな人がいるから日本料理屋、中華料理の好きな人がいるからこそ中華レストランが成り立つのです。病気を抱えている人がいるから医療で生活できる人がいますし、医療器具の産業も成り立ちます。もちろん、社会も文化もこんなに単純に説明できるわけではありませんが、おおよそこのような多様な人により社会は主に支えられている、あるいは成り立っている、という点では当てはまっているといえるでしょう。

第2章

個性とは何か

人の個性とは？

個性とは、個人個人に特有の広い意味での、性質ということができます。しかし、個性とは何かとあらためて問われると、それに答えるのは難しいものです。先の『スタンド・バイ・ミー』の例で述べたように、内気だったり親分肌だったりといった性格も個性をつくる重要な要素です。そのような性格はそれぞれの人の特徴となっていて、たとえば今日と明日でがらりと変わるものではありません。性格を変えてしまいたいと思うこともあるでしょうが、おそらくもっとも自分らしい居心地のよいところで性格が成り立っているので、意識的に性格を変えようとしてもなかなか苦労するに違いありません。それなりの要因と長い期間をかけてつくられてきた性格は通常、日々ころころと変わるものではないのです。

人は、自分の周囲の人をその性格からなんとなく特徴づけて見ているものです。たとえば、「彼は責任感が強いね」とか「あの人はあまり人に心を開いてくれないわね」などと、まるでラベルを張るかのごとく見てしまうことも多いでしょう。社交性の高い人はどこへ行っても話し相手を見つけることができるでしょうし、一方、内気な人は一人でいたり、慣れ親しんだ特定の人とのみいることが多く見られます。このような性格は、周りの人がくり返し見られるその人の傾向を把握して、感覚としてとらえているものです。そのようにとらえられることを当人がよしと思うか思わないかは別にして、あるいは当たっているかいないかは別にして、これが他人の目を通して見た、その人の個性になります。

また、癖や特徴的な行動でその人の個性を表現する場合もあります。たとえば、本を読むのが好きでいつも小説を読んでいる人は、「彼女は小説好きの人だよ」といわれるでしょう。いつも頭を触っている人は、「頭をいつも掻いているあの人ね」というように表現されるでしょうし、いつも運動をしている人は、「あの人は運動好きな人だね」とよばれるでしょう。

一方、特に性格や行動に限ったことではなく、その体つきなどで個性が表現される場合もあります。たとえば、背の高さだけで個性をいわれることもあり、「○○さんはあのとても背が高い人だよ」などと表現されることがあります。痩せている人は「あの細い人だよ」といわれますし、白髪の人は「髪の白い人ね」といわれることでしょう。「あなたの顔は濃い顔ね」といわれる人もいて、これに至っては基準がよくわかりませんが、見かけ上その人に特徴的なものを見出しただけで、「個性的」という表現を使ったりします。

このように、私たちがその人それぞれの特徴を見出すとき、それを個性と表現することが多く、一般的にはその意味するものは幅広いものです。しかし、「個性」は本来内なる性質を示していて、外見的に目立つものは「特徴」と表現するほうがより適切でしょう。そこで本書では、性格や行動が関わる個性について主に考えていきたいと思います。

2　性格をつくる5つの因子

人の性格は、「社交的だね」とか「責任感が強いね」などのように、さまざまに表現されます。しかし、こうした性格の表現は基準があいまいで、どこまで細かく表現されるのかはっきりしていません。では、心理学の分野では、性格はどのように分けられているのでしょうか？　現在、性格は「ビッグファイブ」とよばれる５つの因子で示されることがよくあります。その理論では、性格には外向性、神経症傾向、調和性、誠実性、開放性の５因子があるとされています。

これら５つの因子は、文化が違っても言語が違っても、さらには自分自身を評価しても他人を評価しても見られる、普遍的な因子とされています。つまり、これら５つの因子は、人の性格を表現する安定した指標になると考えられているのです。また５つの因子は、人の性格として独立にあらわれるのも特徴的です。つまり、それぞれの因子のレベルがどの程度高いかあるいは低いかということは、人によって、因子ごとに異なります。したがって、他の因子と関連し合うことはあまりなく、別々に形成された性格の指標だと考えられているのです。

では5つの因子とはどのようなものでしょうか？　5つの因子は、その単語から受ける印象とは少し異なる性質を表します。以下にその特徴を説明します（『心理学辞典』誠信書房を参考）。

【外向性】外向性が高い人は社交的で、人との関係をもつことが多く、温かく接することができます。さまざまなものに対してポジティブな感情を抱く傾向を示します。活動的ですが、刺激を求めて危険を冒す傾向もあります。逆に外向性が低い人は、慎重な傾向が強くなり、一人で過ごすことが多くなります。感情的にも起伏が少なくなります。

【神経症傾向】神経症傾向が高い人は、生活するうえでさまざまなストレスに対する感受性が高く不安傾向が高くなり、そのため情緒的に不安定になりやすい傾向があります。自意識が高く、社会で他人と関わる場合には、劣等感などから混乱しやすい傾向があります。逆に神経症傾向が低いと、他人と友好的な関係を築くことができ、気分も安定して穏やかになります。ストレスに対しては感受性が低く、どんなときでも冷静に対処できます。

【調和性】調和性が高いと、人を信頼し共感することができ、振る舞いが誠実になります。他人のために行動することができ、寛容な性格になります。他人との関係で安定や調和を大事にするのです。低い場合は、非協力的で敵対的な傾向が出てきて、懐疑的になるため、他人と一定の距離をとるようになり、自分の利益を優先するようになります。

【誠実性】誠実性が高い人は、自己管理ができ、物事に集中してあたることができます。自分の目標をしっかりと立て、順序立てて物事を進めることができます。倫理的で規則を順守します。逆に誠実性が低いと、自分の目標を立てるのが苦手で、衝動的で不注意な行動や非倫理的な行動を起こす傾向が強くなります。物事の段取りが苦手で、集中力に乏しく、ハードワークができません。

【開放性】開放性は知的好奇心ともよばれ、さまざまな物事に興味を示す傾向をあらわします。開放性が高いと、新しい知識や美を追求することができ、論理性よりも情感を重視します。自由な発想やユニークなアイデアが得意になります。逆に開放性が低いと、現実的で保守的な傾向が強くなり、習慣や規範を重視して、生活のパターンを変えるのが苦手になります。対人関係においては、共感性に欠け、場の雰囲気を読んだり、柔軟な発想に理解を示したりするのが苦手になります。

これらは独立性の高い因子なので、それぞれに異なった傾向を示す人が存在すると考えられます。つまり、社交的で人には優しく、新しい場所でもすぐに友人ができるけれども、人より劣っていると感じるとすぐに混乱してしまい、人を容易には信用せずいつも疑ってしまうけれども、目標をもっていつも一生懸命仕事をしていて、だけど、古い習慣に固執して、会議でも新しい意見にはいつも否定することから入るというような、なかなか人物像をとらえるのが難しい人も出てくると考えられるのです。

この5つの因子による性格診断は、書籍やインターネットなどを通じて容易に行なうことができます。ちなみに、ダニエル・ネトル（2009年）の著書にはビッグファ

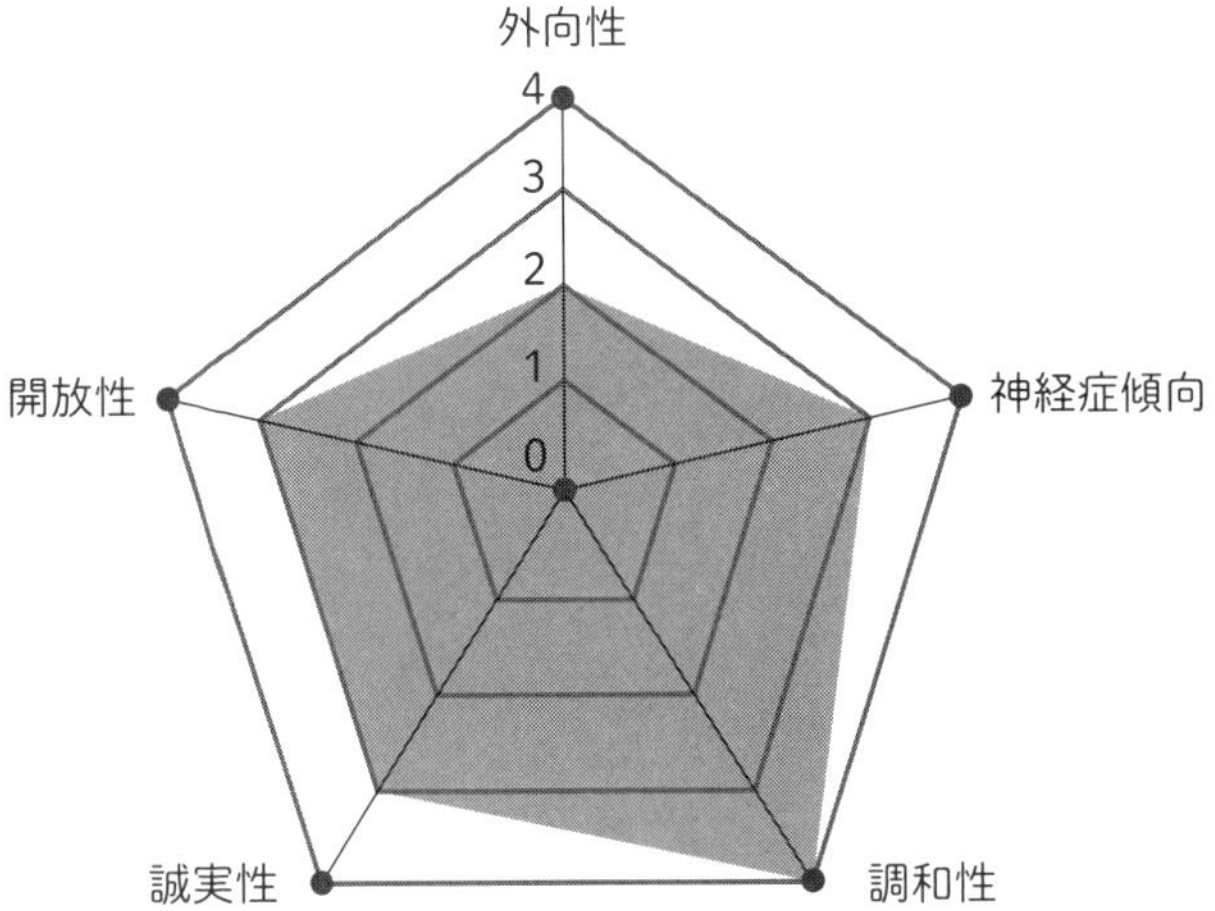

図２　パーソナリティーの特徴の一例（著者の場合）

イブ評定のための簡便な手段のひとつである、ニューカッスル・パーソナリティー評定尺度表が掲載されています。この方法を用いて私が自己評定を行なった結果は図２のようになりました。

中間的な傾向が高い、平均値人間のように見えますが、調和性は高いようで、周囲との関係を重視するようです。なんとなく自分では妥当な評定に思えますが、こればかりは自分で判断するのは難しいものです。

もちろん、この５つの因子で性格をすべて説明できるわけではなく、その時々においてどのような背景に置かれているかによっても振る舞いは異なってくるでしょう。したがって、これら5つの因子は、あくまでひとつの見方ということになるでしょうが、もし今後研究が進んで、これら5つの因子が生まれる原因が明らかになれば理解も進んでくるかもしれません。

3 個性を生み出す脳

人の個性は脳が生み出した産物といえます。そうすると、脳そのものにも構造や働きに個性があるはずです。金井良太の『個性のわかる脳科学』(2010年)のなかでは、脳そのものにも個人差があり、それが個性に結びついているとして、興味深い例を紹介しています。

たとえば、ロンドンタクシーの運転手は、市内の小さな通りまで細かく記憶して、客から目的先を告げられると即座に最短ルートを理解する能力が必要だといわれています。そのため運転手は、地図情報に関する高い記憶力が必要だと考えられます。エレノア・マグワイアが運転手と普通の人の脳を、構造ＭＲＩ検査により調べたところ、海馬とよばれる記憶にとって重要な脳領域が、タクシー運転手では肥大化していることがわかったと報告しています。

また、キャシー・プライスらは、２ヵ国語を話すことができる人と１ヵ国語しか話せない人で脳の構造に違いがあるか構造ＭＲＩ検査を使って調べました。その結果、２ヵ国語を話せる人は、左頭頂葉《とうちょうよう》下側部の灰白質《かいはくしつ》とよばれる部分が多かったというのです。この灰白質の量は、第二外国語を低年齢で獲得した人ほど多くなっていたとされています。このように、外国語の習熟と、脳の構造には相関があることが示されました。

では、先の節で紹介した性格の５つの因子についても、それに関連した脳領域はあるのでしょうか？　あるとすると、その領域の特徴と性格の傾向との間には関係があるのでしょうか？　これについても近年研究が進み、性格の因子と脳領域の特徴には関連があることがわかってきました。

ミネソタ大学のコリン・デヤングらは、脳の特定の領域が性格の５因子と関連しているのではないかと考え、構造ＭＲＩ検査で調べました。その結果、４つの因子に関して、関わっている脳領域が明らかになりました。外向性は、報酬関連の情報処理に関わる眼窩前頭皮質《がんかぜんとうひしつ》の内側部の量と関連し、神経症傾向は脅威や罰などの否定的感情に関わる脳領域と関連し、調和性は他人の意思や感情を読み解くことに関わる脳領域と関連していました。最後に誠実性は、計画や自発的行動に関わる外側前頭前皮質《ぜんとうぜんひしつ》の量と関連していました。

このように、生きたまま人の脳の構造を見る技術の進歩に伴い、人の個性に対応して、特定の脳領域の大きさに違いが認められるようになってきました。こうした知見は、人の個性は脳によりつくられていることを示唆すると同時に、その構造を知ることで、やがて個性についての理解も深まることを示しています。

脳における神経細胞の発達が、どのように個性と関係しているのか、実験動物を用いて調べるような研究も進められています。ゲルド・ケンパーマンらのグループは、マウスにとって隠れる場所や探索する場所が4階の層に分かれて豊富にあり、サイズは1・75メートル四方で高さが2メートルという、新たな飼育装置を考案しました。これは通常のマウスの飼育を行なうケージとは違い、ずいぶん環境が変化に富んでいて、しかも大きな飼育装置になります。

彼らはここに、遺伝的にはまったく同じ雌の個体を40匹入れて、生後5週目から20週目までの15週間にわたって飼育しました。約4カ月にわたる飼育は、生殖寿命がせいぜい生後1年で終わるマウスにとっては、長期に及ぶ飼育になります。

その結果、最初の頃はあまり個性の違いは見られないものの、飼育を重ねていくにつれて探索行動の程度に違いが生じ、遺伝的には同じマウスであるにもかかわらず顕著な個性の違いが見られるようになりました。それと対応するように、脳の中の海馬という領域で新しく生み出される神経細胞の数に個体差が見られるようになってきたのです。その神経細胞のできる数は、探索行動が多い個体でより多く見られることがわかりました。この結果は、神経細胞を新たに生み出すという脳内の細胞レベルでの現象が、マウスの個性に対応していることを示している点で、たいへん興味深い情報をもたらしました。

このように、脳神経系に関するさまざまな研究が進むに伴い、脳の構造や機能と、性格や個性との関連も示されるようになりつつあるのです。今後、脳の構造や働きの個人差と個性との関連が明らかになってくれば、個性が生み出される生物学的な基盤も、より深く理解できるようになると期待されます。

第3章

個性に関わる遺伝と環境

1　行動と遺伝の関係を明らかにする学問

性格や行動にどのような遺伝子が、どのようにして関わっているかを明らかにしていく、行動遺伝学とよばれる学問があります。行動遺伝学が研究の対象とするのは、人はもちろんのこと、マウスなどの小型哺乳類、ショウジョウバエや線虫など研究用によく使われるモデル動物など幅広く、それぞれの種の特徴を生かした研究で大きな進展をしています。現在は行動と遺伝子との関係を明らかにすることが研究の主流となっており、遺伝子が壊れるとどのような異常が生じるのか、あるいは遺伝子のタイプが微妙に異なることがどのように行動に影響するのかを明らかにする試みが進められています。

しかし、遺伝子そのものがまだ明らかになっていなかった、この学問の草創期には、まず集団のなかで行動を指標にして定量化することにより、行動には遺伝的な要因が関わっているのか、それとも環境が関わっているのかという問題を明らかにしようと研究が進められました。そのような流れを見ていきましょう。

2　生まれも育ちも

個性には、遺伝的な要因が関わるのか、それとも環境的な要因が関わるのかという問いは、行動遺伝学だけでなく心理学、さらには教育学の分野でも長く論争になってきた問題です。英語ではNature or Nurtureといわれて、その語呂のよさから多用されてきました。この問いを最初に研究で使ったのは、後に述べるフランシス・ゴールトンです。

ただし、それ以前からこの言葉は使われており、たとえば、マット・リドレーはその著書『やわらかな遺伝子』のなかで、ウィリアム・シェイクスピアが『テンペスト』（1612年頃）のなかで「悪魔だ、生まれながらの悪魔だ。あの生まれ育ち（Nature nurture）ではどうにもならん」と書いていることを指摘しています。さらにリドレーは、シェイクスピアよりもさかのぼれば、エリザベス朝時代の教育者であるリチャード・マルカスターはこの言葉が好きで、著作でよく用いていたことを指摘しています。たとえば、1582年に著した『初等教育論』のなかで「遺伝（Nature）は人が目指す先を決め、環境（Nurture）は人をそこへ向かわせる」と述べていることを紹介しています。これは何とも深い洞察を含んだ表現です。これが400年以上前に書かれたものだとは、彼は現在の行動遺伝学をなんと的確に予想していたのでしょうか。

リドレーは、このあたりにこの言葉の起源があるのではないかと述べていますが、私はこれについては少し疑問に感じています。日本ではどうでしょうか？　リドレーは知るよしもないことですが、日本でも、この問いは「氏《うじ》か育ちか」ともいわれて、長く論争されつづけてきました。「氏か育ちか」という言葉は、京都いろはかるたの「氏より育ち」という言葉に由来すると考えられます。上方（京都）のいろはかるたは、1800年代中頃にできたと考えられますから、当然のことながら、それよりずっと以前から人々になじみ深い言葉だったのでしょう。

このように、文化が違っても、この生まれか育ちかを問う言葉はあったのではないでしょうか。これらの著作で引用する前から、一般の市民の間では、子供の性格が生まれか育ちのいずれが関わっているのかが大きな興味であったのは当たり前といえます。

日本においても Nature or Nurture 論争は長く行なわれてきましたが、その際、その呼び方は、「氏か育ちか」や「生まれか育ちか」、さらには「遺伝か環境か」などさまざまでした。Nature or Nurture の本来の意味は、「生まれながら持っているか、それとも養育により獲得したか」と問うものです。「氏か育ちか」という場合の「氏」は、どうしても血筋という意味を含むことになります。つまり、親やその先の祖先も含めた表現になるので、Nature が意味するものとは少し異なってしまいます。また、「遺伝か環境か」というときの「遺伝」も同様に、親から子へ受け継がれる形質という印象を与えてしまい、意図していることが正確に伝わりません。たしかに近年の研究においては、特定の遺伝子が環境とどのような関係にあるかを意識した議論がなされることもありますが、それよりも本来の使い方のほうが圧倒的に多いのが実情です。したがって、Nature or Nurture の訳語としては、「生まれか育ちか」という表現を使うのが適切でしょう。

かつて、この議論が盛んに行なわれた頃は、「生まれ」と「育ち」のいずれが性格形成に関わっているかという、二者択一的な議論でした。たとえば、次に触れるように、フランシス・ゴールトンは、生まれによる影響の強さを強調しました。一方で、環境や教育がすべてで、それにより人はどのようにでもなりうるという、養育環境の重要性を主張する立場もありました。しかし現在は、この両者が重要な役割を果たしているという説が一般的です。では、なぜそのようにいえるのか見ていきましょう。

3 一卵性の双子は個性もそっくり

人の個性をつくりだすうえで、どのような要因が関わっているのか解明するのは、たいへん難しいことです。なぜなら、人はそれぞれ異なった人生経験をもっていて、しかも遺伝的に多様で、個々の人が異なった遺伝的組成をもっているため、何が個性に影響したのか正確に判断するのは難しいからです。しかし、個性に関わる要因を研究するうえで、とても重要な情報をもたらしてくれる人たちがいます。それは双子（双生児）の人たちです。なぜ双子は重要な情報をもたらすのでしょうか？

双子には一卵性双生児と二卵性双生児がいるのは、みなさんよくご存じだと思います。

一卵性双生児は、受精後の卵割の初期に何らかの原因で胚が２つに分かれることで、もともとひとつの胚だったものから２つの胚が生じたものです。発生の初期に胚が２つに分かれて細胞数が半減しても、容易にその後の胚発生で細胞数を補完できるので、正常に発生するうえでまったく問題はありません。こうして生まれた二人の人はまったく同じ遺伝子を持っているため、遺伝的クローンともよばれます。一方で、二卵性双生児は、異なった未受精卵が独立に受精した２つの胚が同じ時期に着床したもので、遺伝的組成はお互い異なり、通常の兄弟と同程度の遺伝的な違いを持ちます。

一卵性双生児も二卵性双生児もともに同じ家庭で育ち、生活しているので、環境からの影響はかなり似ている（二人が環境を共有しているということで共有環境とよばれる）と考えられます。一卵性双生児が似ていない部分は、遺伝的組成と共有環境以外の、その個人個人に特異的な経験（非共有環境とよばれる）で生じると考えられ、その程度は二卵性双生児でも同程度影響していると考えられます。したがって、一卵性双生児の外見や性格などが似ている程度を定量化して、それと二卵性双生児の似ている程度を比較してその差分を出すことで、遺伝子の効果によって似てくる割合がわかるのです。

双生児が個性に対する遺伝的影響の研究に役立つことに着目したのは、1876年に"The history of twins, as a criterion of the relative powers of nature and nurture."という論文を発表したゴールトンが最初です。彼は、双子には「よく似ている双子」と「あまり似ていない双子」があり、それらは一卵性双生児と二卵性双生児に由来すると考えました。ゴールトンは、現在わかっているほどはっきりとその発生の仕組みを理解していたわけではありませんが、その成り立ちに関してはある程度適格に判断していました。そして、男子と女子の組み合わせの双子は必ず二卵性双生児であることを見抜いたのです。ゴールトンは、このような双子の兄弟が、性格形成に関わる要因が生まれながらのもの（Nature）か、養育環境（Nurture）により獲得したものかを知るうえで重要な情報をもたらしてくれると考えたのです。

彼は、よく似ている双子で、幼少期を通じて同じ環境で育った男子の兄弟かあるいはその近親者に手紙を送り、どの程度二人が似ているか、アンケートに答えてもらいました。その際、二人がどれだけ似ているか示す逸話も集めました。その結果、80組の双子から返事を得て、そのうちの35組で詳細なデータを得ました。

見かけのよく似ている双子は多くの点で似ていることがわかりました。むしろ違う点を見出すほうが難しいほどでした。このうち9例では、同時期に病気になる傾向がありました。おそらく体質も似ているのでしょう。二人が同じように発言し、同じ歌を同じように歌うなどというのは珍しくなく、周りの友人から見ると、まるでひとりの人間がやっているように見えるほどです。同じ時期に同じ歯が虫歯になるケースもありました。

悲しいケースも報告されています。50歳になるマーティンとフランソワという線路工手の双子がいました。マーティンは軽い狂気の発作を2度ほど起こしたことがありましたが、妻と子供たち家族と一緒に住んでいました。フランソワは、マーティンの家から少し離れたところに住んでいました。ある日、二人のお金の入った箱が盗まれてしまいました。盗難にあった夜の同じ頃に、二人は泥棒をつかまえる似た内容の夢を見ました。マーティンは、夢からさめても興奮していて、眠っていた孫を泥棒と勘違いして「捕まえたぞ！」と首を絞めようとしたのです。そこを危うく家族に抑えられました。その後、彼は頭痛がするから外に出てくるといいながら外に出て、近くの川に向かい、そこで身を投じようとしましたが、後を追いかけてきた息子に制止されたのです。そこにかけつけた警官隊と意味不明のことを叫びながら争った末に抑えられ、保護施設に連れていかれましたが、そこで3時間後に残念ながら自ら命を絶ってしまいました。

同時刻に夢を見て、やはり興奮して騒いだフランソワは、明け方までには落ち着きを取り戻しました。その朝早く、盗難について手続きをするために外を歩いていたところ、まったく偶然に、興奮して川に身を投じようとして警官隊と争っているマーティンを見かけました。それを見たフランソワは、突然興奮し、意味不明のことを叫びはじめました。そこを取り抑えられて治療を受けた彼は、落ち着いたからもう大丈夫だと告げて外へ出て、マーティンがまさしく川に身を投じようとしたその場所で入水自殺したのです。双子の二人が何かでつながっていた悲しい逸話です。

一方で、面白い例もあります。双子の一人（Aさん）が、スコットランドで素敵なシャンパングラスのセットをたまたま見つけました。おそらくそれなりに高価なものだったのでしょう。Aさんは、双子のもう一人（Bさん）にプレゼントしてビックリさせようと思い立ち、そのシャンパングラスのセットを購入しました。ちょうどそのとき、Bさんはイングランドにいて、街でたまたまいいものを見つけて、Aさんを驚かせようとそれを購入したのだそうです。それはAさんがスコットランドで購入したものとほとんど同じようなシャンパングラスセットだったのです。二人ともさぞかし驚いたことでしょう。別の意味で。

多くの例で、一卵性双生児の場合は、立ち居振る舞いや話し方がよく似ていて、声のイントネーションも同じですが、歌は異なるキーで歌うことがあるようでした。不思議なことに、筆跡は似ていないことが多いようでした。35組中1組だけは手書きのノートを見ても、本人たちも他の人たちもどちらが書いたものか区別がつかないほど似ていたそうで、2、3のケースでは他人には区別がつかない程度に似ていたそうです。しかし、それ以外は明らかに筆跡は違ったようです。

見かけがよく似た双子（一卵性双生児）はこのように、いろいろな点で驚くほど似ていましたが、二卵性双生児では見かけと同様に、性格もそれほど似ていないことがわかりました。

双子の間で見かけだけでなく性格などもよく似ている現象は、子供のときや若い時期だけでなく、成人して離れて生活するようになってからでさえも、病気や事故などによるよほど大きな影響を受けなければ、年をとってからも続いていたのです。当初の予想に反して、人の性格の形成には、環境の要因ではなく遺伝の要因が大きく関わっているという、驚くべき結果をゴールトンは示したのでした。

4 双子研究で明らかになる、個性をつくりだす要因

このようにいうと、慎重な人は、「ちょっと待って。この調査では自分で似ていることを報告しているけど、どれだけ正確なの？」と思われるかもしれません。あるいは、「一卵性双生児はいつも『二人は似ているね』と言われて育てられるから、性格や行動も似てくるのではないの？」と思われる方もいるでしょう。

そうした指摘はもっともです。たしかに、質問形式による自己申告では、二人が似ているという面白い逸話は集まってきますが、客観的な情報を集めることはできません。あまり似ていない双子にたまたま似た行動が見られても、たいした話題にはならないも

のですが、似ている双子で行動や性格が似ていると話題になりやすく、このような逸話も数多く集まる傾向があります。そもそも逸話では、双子の二人がどの程度似ているのかまったくわかりません。これでは、とても科学的とはいえないでしょう。

また、「双子だから似ているね」と言われつづけて育てられれば、なんとなく性格や行動も似てしまうこともあるかもしれません。逆に反感をもって、あえて違うようにふるまうこともあるでしょう。上述のゴールトンによる研究は、こうした点も含めて科学的研究としては不十分なのです。

その後時を経て、もっと客観的なデータを多岐にわたって集めるように工夫されました。身長、体重、肥満指数、目の色や髪の毛の色などの身体的特徴に加えて、知能指数（IQ）や学校での成績、さらに気質や性格の5因子をはじめとした心理的特徴、さらに精神疾患の発症に関しても調べられました。より信頼性が高く、多くは定量化しやすい形質に関して調べることで、そのデータの研究的価値を高めるように工夫されたのです。こうした多くの研究でも、一卵性双生児は非常によく似ていることが示されました。

では、「双子だから似ているね」と言われたり、「顔が似ていると性格も似ているね」

と言われつづけることで性格が影響を受けるという懸念については、どのように対応すればいいのでしょうか？　世の中には、さまざまな事情で、生まれた子供を他人の家庭に委ねて、その家庭の子供として育ててもらうケースがあります。いわゆる養子です。特に、双子が生まれた場合には、親の健康や経済的な事情など、さまざまな理由で、二人を同時に育て上げることは難しい例がよくあります。そのため、双子の子供たちは物心がつく前に養子に出されるケースがあるのです。

このようにして、生後すぐに異なった環境に移って育てられた一卵性双生児は、もっている遺伝子が同じであるにもかかわらず、育った環境は違うことになります。したがって、もし養子に出された一卵性双生児の間で性格の差が見られれば、それは環境要因により生じていることが期待されます。その一方で、二卵性双生児で見られる個人差と一卵性双生児で見られる個人差の程度を比較することで、遺伝的要因と環境的要因が個性の形成に関与している程度がわかるわけです。

このような養子の双子を含めた研究は、米国のミネソタ州やスウェーデンなどで行なわれました。その結果、遺伝的に同じ一卵性双生児では、たとえ別の家庭で育っても、さまざまな形質で、同じ家庭で育った場合と同程度の特徴を示しました。たとえば、IQ、気質、職業の種類、遊びに使いたい時間、社交的特徴などにおいて、一卵性双生児は同じ家庭で育とうが別の家庭で育とうが、あまり大きな違いは示さなかったのです。このことから、家庭内での環境（共有環境）は個人個人の特徴の形成において、それほど大きな効果を示さないことも明らかになったのです。このように、双生児を対象とした研究は、個人差の形成において遺伝子や環境がどの程度関与しているか調べるうえで、非常に重要な情報を与えてくれるわけです。

5　遺伝子に影響される個性

ヒトの個性に遺伝的要因が関与していることは、これまでにさまざまな研究で示されています。特に双生児研究では、性格や行動の個人差に遺伝的要因が関与していることを示してきました。

ここで、双生児研究によって遺伝子の影響をどのように示すのか説明が必要でしょう。多くの一卵性双生児と二卵性双生児のデータを得てから、一卵性双生児に見られる類似性から、二卵性双生児間で見られる類似性を差し引いたものの割合を計算することで、遺伝率とよばれるものを算出します。

実は、この「遺伝率」という言葉は、研究者にとってさえも大きな誤解のもとになっています。あたかも「親から子へ形質が遺伝する割合」ととられがちですが、そのようなことを意味しているわけではまったくありません。親から子へ形質が遺伝する割合は、専門的には、「狭義の遺伝率」とよばれるもので、たとえば家畜育種のように、選抜した形質が次世代にどの程度伝わるかを考える場合に計算されます。

一方で、ここでいう遺伝率は「広義の遺伝率」とよばれるもので、その集団のなかでの形質のばらつきにおいて、遺伝的要因が占める影響の割合になります。少しわかりにくい表現になってしまいました。要するに、集団のなかでいろいろな個人差があるときに、そこにそれぞれの人がもつ遺伝子全体がどの程度関わっているかを示しているのです。

性格や行動について見る前に、外見について見てみましょう。以下はカナダやスウェーデン、デンマーク、オーストラリアといった複数の国から得られた、1万2000の一卵性および二卵性双生児のペアをもとにしたリーゼ・デュボアらの研究結果です（図3）。人の身長は高い遺伝率を示し、17歳の男女ともに72・7パーセントになります。集団のなかで人の身長は高い人から低い人までさまざまですが、この値は、その大部分が生まれもった遺伝子の組み合わせに影響されていることを示しています。

このようにいうと、小さい頃に親から「もっと牛乳を飲まないと大きくならないよ」と言われて、泣く泣く牛乳を飲んだ経験のある人は「なーんだ、牛乳なんて関係なかったじゃないか」と思うかもしれません。しかし、そうでもないのです。この遺伝率72・

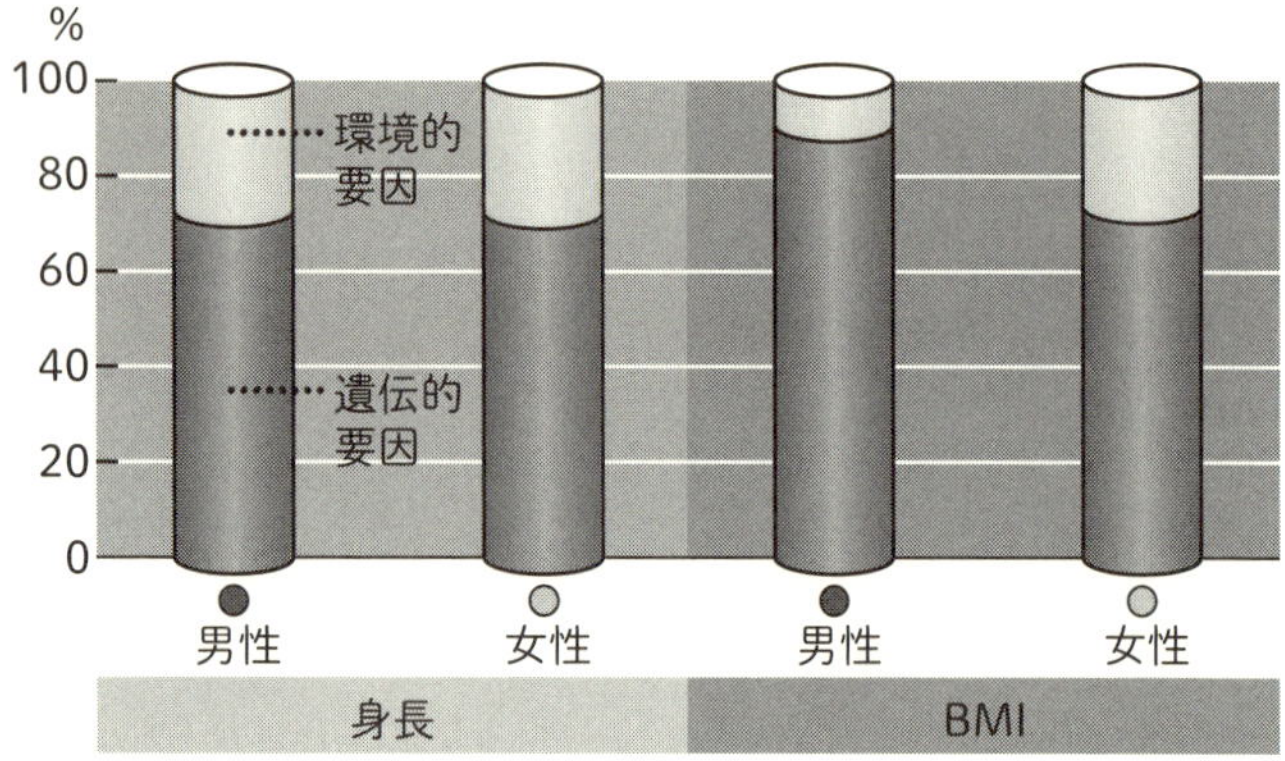

図3　17歳男女における身体的特徴の遺伝率（身長とBMI）
（Dubois *et al.*2012のデータより）

7パーセントという値は、ある集団のなかでの相関で示しているだけの値です。身長に影響を与える食事は、生活に必須であることや、給食が普及していることなどもあり、集団内で比較的ばらつきが生じないために、遺伝の効果が高く出やすいともいえます。個々の人で見るならば、しっかりした食事をしたほうが成長が促されるのは当然です。もしこれが、貧富の差が大きな集団で、食事を十分にとれる人ととれない人が分かれるような場合ではどうでしょうか？　当然のことですが、集団内のばらつきも大きくなり、その遺伝率も下がってきます。

実際、明治維新のあと、日本人の平均身長は徐々に伸びています。１９００年の17歳男子の平均身長は１５７・９センチメートルですが、１９８８年には１７０・３センチメートルまで伸びました。江戸時代の炭水化物の多い食生活から、肉や卵、牛乳などのタンパク質の豊富な食生活に徐々に変化してきたことで、日本人の身長は伸びてきたのです。しかし、１９８８年以降はほとんど平均身長の伸びは止まっているので、通常の食生活で改善できる部分はほとんど使い切ったともいえます。もし、明治維新から現在までの人のデータをすべてあわせて計算すると（そんなに年代をさかのぼった双生児の正確なデータはないでしょうが）、遺伝が身長に与える影響は、当然のことながらもっと小さくなります。このように遺伝率の算出は、その対象とする集団がどのような集団かで異なってくることになります。

人の肥満度の目安になるＢＭＩ（体重÷身長の2乗）も遺伝率の高い形質で、その値は17歳男性で90・6パーセントになります（図3）。女性は少し下がりますが、それでも73・8パーセントです。女性で遺伝率が下がる原因は、家庭の食生活の影響を女性のほうが受けやすいからではないかと考えられています。

体重、特に肥満となると体の代謝に加えて、日々の運動や食生活が主な原因だと思うでしょう。その通りで、どれだけ日々運動するのか、また何をどれだけ食べるのか、といった点も大きな要因になります。このＢＭＩの高い遺伝率は、日々運動をするのかしないのか、あるいは日常的な食生活においてどれだけ間食をとるのかといったことも、遺伝子の影響を強く受けていることを示しているのかもしれません。そうすると、「自分がいま食べているのは、遺伝子がそうしろといっているからか」と不思議に思うかもしれません。あるいは、どうしても間食で甘いものに手を出すのをやめられない人が、「だって、遺伝子が食べろというんだもん」と開き直るかもしれません。しかし、環境的要因もそれなりの効果をもつのです。適切な食事を心がけることも重要です。

では、性格や行動関連の形質に関しても遺伝の効果はあるのでしょうか？　じつは、身長やＢＭＩと比べて遺伝率は少し下がりますが、それでも十分な遺伝的要因の効果を示します。安藤寿康の著した『遺伝と環境の心理学』（２０１４年）によると、双生児研究では、性格に関わるさまざまな因子に高い遺伝率がくり返し確認されてきました。たとえば、ビッグファイブであらわされる因子については、いくつかの研究グルー

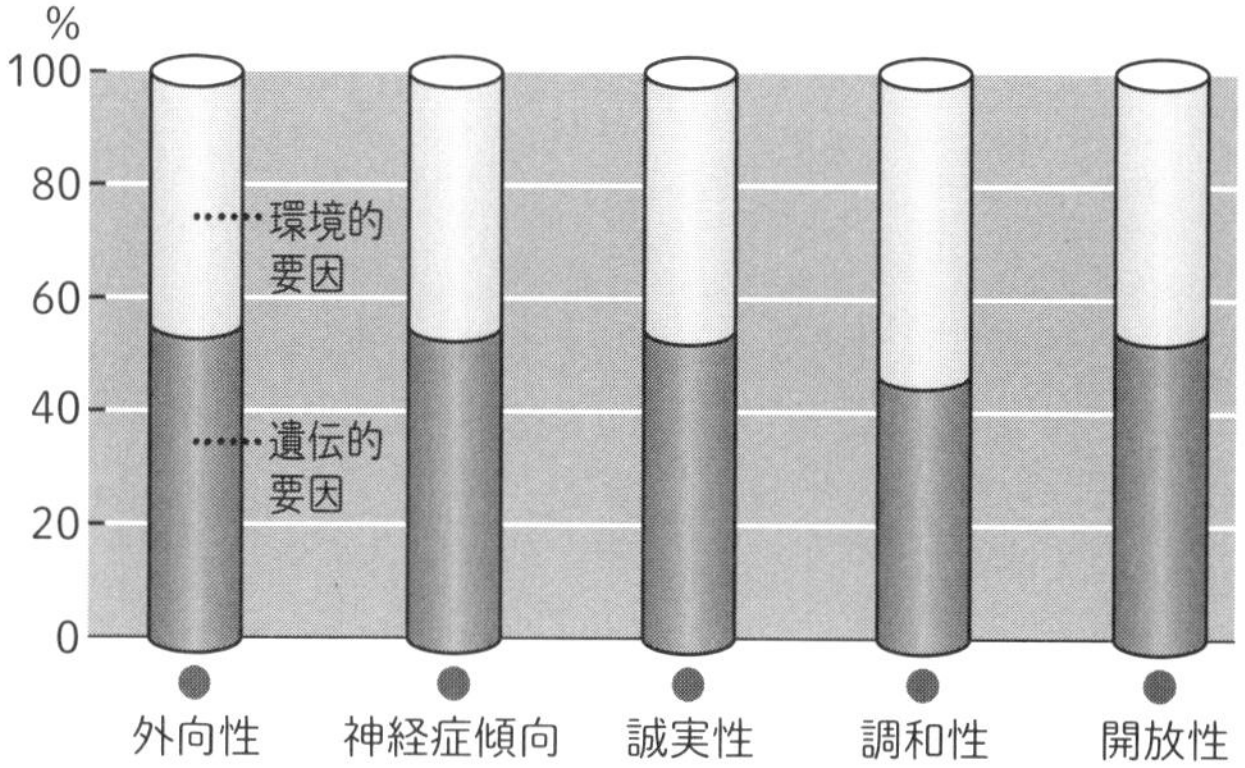

図４　性格の５因子に関する遺伝率（Riemann *et al*.1997 のデータより）

プが調べています。その結果は研究によって多少違いがありますが、多くのもので50パーセント程度の遺伝率を示していて、低いケースでも30パーセント程度は示しています。レイナー・リーマンらの報告による一例をあげると、外向性は56パーセント、神経症傾向は52パーセント、誠実性は53パーセント、調和性は42パーセント、さらに開放性は53パーセントとなります（図４）。これらの値は性格の形成においても、かなりの遺伝子の効果があることを表していると考えていいでしょう。個性も遺伝子とは切っても切れない関係なのですね。それと同時に、環境的要因も大きいことを見逃すわけにはいきません。

6　環境的要因がもたらす個性の違い

東京オリンピックが２０２０年に開催されます。前回の東京オリンピックといえば、私がまだ4歳のときで、おそらく近所の家だと思いますが、そこでテレビを見ていた記憶が断片的に残っています。いろいろな競技のなかでも、マラソンはやはり花形競技なので、皆が集まって異様な熱心さで応援していました。男子マラソンでは、日本のホープだった君原健二選手が脱落しましたが、最後まで必死で頑張って3位に入った円谷幸吉選手が日本国民を大きく元気づけたようです。それと同じぐらい、あるいは見方によればそれよりも衝撃的だったのは、その男子マラソンでエチオピアのアベベ・ビキラ選手が金メダルを獲得したことでした。アベベ選手は、東京オリンピックの前回に行なわれたローマオリンピックで、靴をはかず裸足でフルマラソンを走りきって金メダルを獲得していたので、「裸足のアベベ」として知られていました。東京オリンピックでも当時の世界最高記録で金メダルをとった強さはずば抜けていて、その裸足で走った逸話とともに子供たちの憧れの的でした。私も含めて当時の子供たちが、アベベの名前を連呼しながら裸足で走りまわっていたことをいまでも覚えています。それほど彼の金メダルは強烈な印象を私たちに与えたのです。

アベベが競技にたずさわる人たちに衝撃を与えたのは、彼がローマを裸足で駆け抜けたという事実に加えて、エチオピアという高地に住んでいることでした。エチオピアはその国土が標高約２０００メートルの高地にあるのです。そのことから、「高地で生活することで心肺能力が高くなったのではないか」と考えられて、現在では競技のトレーニングとして一般化している、高地トレーニングが始まるきっかけになったのです。シドニーオリンピックの女子マラソンで「すごく楽しい42キロでした」という言葉とともに、見事に金メダルを獲得したQちゃんこと高橋尚子選手が、そのオリンピックの直前に米国コロラド州のボルダーで標高約３５００メートルの高地トレーニングをしていたことは有名です。高地でトレーニングすることにより、心肺機能が高くなり赤血球も増えることから、トップアスリートに要求される持久力がつくと考えられているのです。

高地トレーニングは、標高２０００メートルを超える環境が、運動選手の心肺能力や持久力を劇的に変えるという点で、環境が行動に大きく影響することを物語っています。しかし、こうして高地トレーニングで獲得された強い心肺能力は、高地での生活をやめて平地での生活を始めれば、残念ながら徐々にその効果は消えていくことになります。ましてや、その高地トレーニングの効果は遺伝するわけではなく、生まれた子供が低地で生活すれば、その子供はその子がもともともつ能力と一般的な運動の積み重ねに応じた心肺機能をもつことになるでしょう。このように、環境からの影響によって行動が変化することはよく見られるのです。

こうした環境の影響は、高地トレーニングがアスリートとしての能力を高めるようなよい効果を出すだけではありません。容易に想像できると思いますが、環境のタイプによっては、人にとって有害な影響を及ぼすことも当然起こり得るのです。

極端な例では、環境の変化が精神疾患に結びつくことさえもあります。たとえば、おだやかな通常の生活をしていた人が、震災や火事、事故、暴力被害、戦争などの生死に関わるような強烈な恐怖を体験したのを境に、その恐怖体験を日常生活のなかで突然思い出したり、不安や緊張から体調不良を起こして夜眠れなくなったりすることがよくあります。こうしたことは心の傷により引き起こされると考えられますが、それが何カ月も続くようだと、心的外傷後ストレス障害（ＰＴＳＤ）という心の病気にかかっている可能性が疑われます。ＰＴＳＤは、なにも気弱な性格の人がなりやすいわけではなく、ベトナム戦争や湾岸戦争に出兵した屈強な米軍兵士のなかにも、戦争そのものへのストレスから発症した人が多くいたと伝えられています。

ＰＴＳＤは、強烈なショック体験などがなければそもそも発症しないので、ショック体験という環境的要因に心が強く影響を受けて生じたといえます。ＰＴＳＤを発症する原因を理解するのが難しいのは、同じようなショック体験をした人は皆が皆ＰＴＳＤを発症するわけではないからです。そのショック体験をした後もわりと平気で普通の生活を送ることができる人と、ショック体験のあとでＰＴＳＤを発症して、日常の生活を苦しみながら過ごす人が出てくるのです。このように、同様の経験をしても、その影響が異なるかたちであらわれることの裏には遺伝的要因が関わっていると考えられています。

では次に、それぞれの人がもっている遺伝子のタイプにより、環境の影響の受け方も異なる例を見てみましょう。

7　遺伝と環境の相互作用

お酒は人を楽しくさせてくれるので、世の中に不可欠なものだと私は思いますが、「いや、あんなものはむしろ世の中にいらない！」と反論する人もいるでしょう。そう、お酒は人により受け取り方がまったく違う不思議な飲み物です。たとえばあるとき、会社の同僚20人が集まってアルコール抜きの食事会を行なったとします。食事会は仕事の成果や同僚がした面白い失敗談などで話が弾み、和やかに終了しました。その1週間後に、同じメンバーで再び食事会を行ないましたが、今回はビールなどのアルコールが出されました。おやおや、今度は参加者の会話のトーンが上がり、声も大きくなって、しかも笑い声なども増えて俄然にぎやかです。こういう状況は皆さんもきっと想像がつきやすいでしょう。アルコールが入ると、参加者の気持ちがほぐれて気分が高揚し、全体的ににぎやかになる効果があるのです。

　では、やってはいけないことですが、仮に20人の参加者が皆同じ分量のアルコール、たとえば、ビールをかけつけ3杯飲んだとします。その食事会は当然にぎやかになるでしょうが、よく見ると、どうやらなかにはいろいろな人がいるようです。ずいぶん酔ってしまい、フラフラで気分が悪くなる人も出てくるでしょう。その一方で、普段と変わらない様子で話を続ける人もいるはずです。後の章で述べますが、このようなアルコールに関する酔い方の違いは、私たち人がもっている遺伝子のタイプによって決まっていることがわかっています。つまり、同じアルコールの量を飲むという環境の影響を受けたとしても、そのあとで行動がどのように影響を受けるのか（フラフラで気分が悪くなるのか、普段通りの状態なのか）は、もっている遺伝子のタイプによっても大きく異なるのです。

　このフラフラの酩酊状態は、アルコールを飲むという環境になければ、特に生じなくてすんだはずです。ここで紹介したような、同じ環境の変化であっても、その環境による効果が遺伝子のタイプにより異なってあらわれる現象は「遺伝と環境の相互作用」とよばれています。

この「遺伝と環境の相互作用」は、子供たちが養子になったときに体験する家庭や周囲の環境が、その後若者になった際の反社会的な傾向にどのように影響するかという、重い観点からも調べられています。米国のアイオワ州では、生まれた直後に養子として別の家庭に入って育てられた子供367人について調査されました。レミ・キャドレーらの研究では、養子として育った若者本人と養育している親への質問形式で、若者本人に犯罪やアルコール依存などの傾向があるかどうかが調査されました。そして調査結果を、若者の血縁上の親の犯罪やアルコール依存などの経歴と比較したのです。

その結果、もともと血縁のある親に犯罪の傾向が見られない場合と見られる場合のいずれでも、反社会的行動などを身近に経験しにくい環境で育った場合には、そのような反社会的傾向は生じにくいことがわかりました。一方で、反社会的行動を身近で経験しやすい家庭で育った場合には、反社会的傾向の見られる血縁者をもつ若者のほうがより反社会的傾向を示しやすいことが報告されたのです。遺伝の影響も環境の影響も、それぞれ単独で働くのではないことを示している例です。

この反社会的傾向に関する「遺伝と環境の相互作用」についての報告の例は、なかなか素直には受け入れにくいものではあります。しかし、身近なところでもう一度見直してみると、理解しやすい例もあることでしょう。たとえば、よかれと思って始めた水泳で、すごく楽しんで能力を伸ばす子供と、どうしても水泳が好きになれずにいつまでたっても実力がつかない子供がいたりします。そうした子供でも、球技をやらせるととても上手になったりします。「何事も我慢が必要だ！」といって、嫌がる子供をひとつのことに縛りつけるケースもありますが、その子が伸びやすいスポーツをもう少し幅広く探してあげることも必要なのです。

孟子はいまから２０００年以上前の中国の有名な思想家で、彼にまつわる話に「孟母三遷」というものがあります。孟子がまだ幼い頃、墓地の近くに住んでいました。あるとき、孟子が遊びでお葬式の真似事を始めたため、彼の母親は思案して市場の近くに引っ越しました。すると今度は、孟子が商人の真似をして遊ぶようになったのです。母親はそれを見て再び思案して、学問所の近くに居を移したのです。すると今度は、孟子は学問所の様子を見て学問を志すようになったので、母親はようやく安堵してその場所で孟子を育てたというのです。現在は、価値観も職業も多様化しているので、この話の善し悪しは別にしても、面白い逸話ではあります。孟子はもともと優れた頭脳をもっていたと思いますが、その頭脳も適した環境にあって、ようやく存分に発揮する機会を得たと考えられるのです。

第4章

遺伝子とその変異がもたらすものとは

1　遺伝子とは何か

行動や性格には遺伝的要因が関わっていることをここまで述べてきました。では具体的に、遺伝子がどのように行動や性格に関わっているのかを見ていきたいと思います。その前に、そもそも遺伝子はどんなものか、それから行動に影響を及ぼす遺伝子の個人間での違いはどういうものかなど、遺伝学についての知識を整理しておきましょう。もしかすると生物の授業で遺伝学の勉強をする機会がなかった方には、遺伝子の考え方がなかなかわかりにくいかもしれません。なじみのない方も、少し我慢して読んでみてください。

遺伝学に関わるキーワードに、遺伝子、ゲノム、ＤＮＡ、染色体、タンパク質などがあります。皆さんも科学番組などで耳にされたことがあるでしょう。でもこれらが具体的に何を意味しているのか、わかりにくいものです。少し説明していきましょう。

動物においてゲノムは、ＤＮＡという物質からつくられている、それぞれの生物の遺伝情報全体のことを意味しています。ゲノムＤＮＡは、核とよばれる細胞内の容器

（細胞小器官）に収まっています。ＤＮＡはＧ（グアニン）、Ａ（アデニン）、Ｔ（チミン）、Ｃ（シトシン）の４種類の核酸塩基という物質でつくられていて、これらが連結して非常に長い糸のようになっています。ゲノムのＤＮＡの〝糸〟は、相手の糸が存在し、２本がペアになっています。この際に、ＧはＣと、ＴはＡと対をつくるルールがあり、ひとつのＤＮＡの糸は、相補鎖とよばれる片方の配列に依存して決まる相手の糸と、規則正しく絡まって見事な二重らせんという構造をつくります（図５）。これがゲノムの本体であるＤＮＡです。人の場合、ＤＮＡ（ひとつの糸）はゲノム全体で約30億個の核酸塩基がつながっていて、この長さを計算すると、なんと約１メートルになります。このゲノムを父親と母親の両方からそれぞれ１セットずつ受け継ぐので、通常の細胞は２セットをペアにして、それぞれの核の中にもっています。したがって、普通の細胞の核の中には、約２メートルの長さになる二重らせんのＤＮＡの糸が収納されていることになります。

先ほど普通の細胞といったのには、理由があります。実は、精子や卵子のような子孫をつくるための生殖細胞では、この２セットのゲノムが減数分裂という、細胞が分

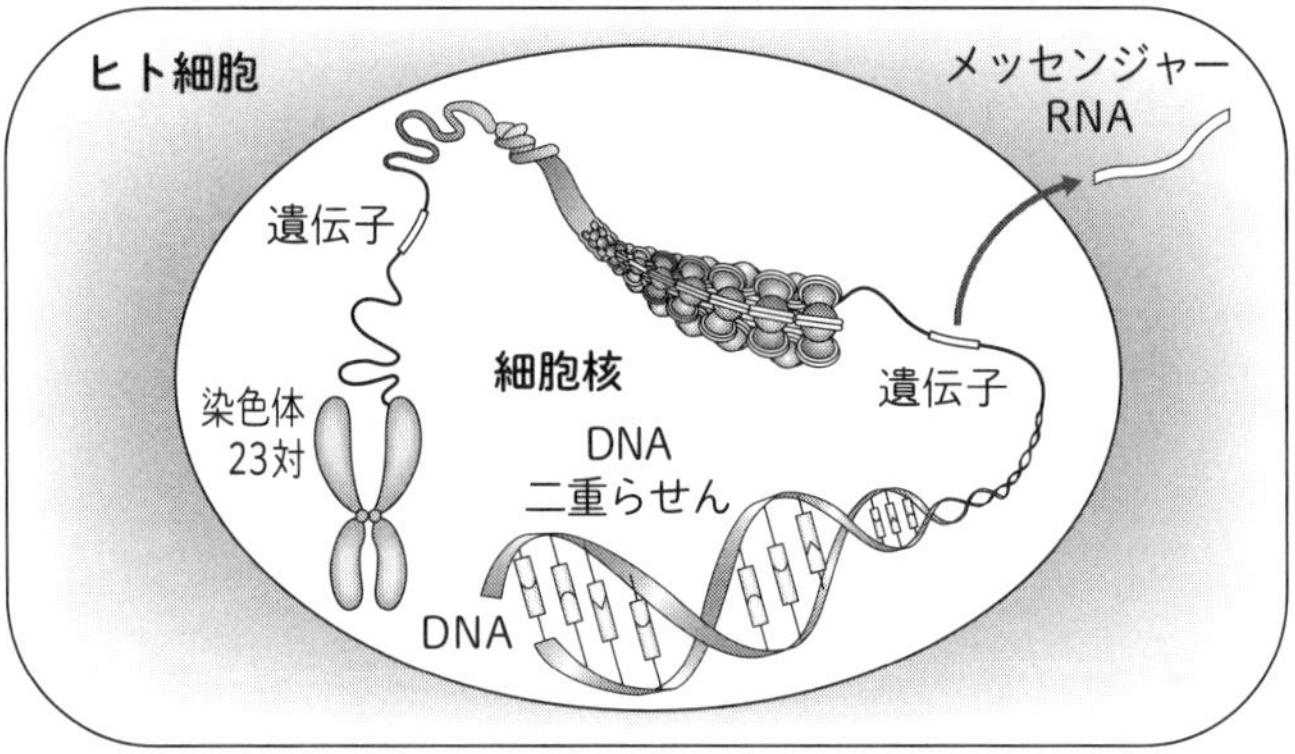

図５　ゲノム、染色体、遺伝子、DNA

かれるしくみにより、ふたたび１セットずつ（半数体とよばれる）に分かれてしまいます。したがって生殖細胞では、収納されているＤＮＡの長さは約１メートルになります。

30億個の核酸塩基がつながったＤＮＡの長さが１メートルといいましたが、実はこの30億個の核酸塩基が、連続した１本のＤＮＡの糸になっているわけではありません。ヒトの場合は23本の糸に分かれていますし、マウスでは20本に分かれます。このひとつながりのＤＮＡからつくられた糸が「染色体」というものに対応します。実際には、このひとつながりのＤＮＡの糸に、その構造をつくり働きを支えるためにさまざまなタンパク質が結合することで、染色体がつくられています。ここまで、ゲノム、DNA、染色体が出てきましたが、だいたいイメージはできるでしょうか？

では、遺伝子はどこにあるのでしょうか？ 実は1メートルのDNAのなかで遺伝子があるのはごくわずかな部分のみで、他の大半は遺伝子そのものとは関係のない部分になります。人やマウスの場合、ゲノム上に遺伝子は約2万個あると考えられています。ほとんどが遺伝子のないDNAが続き、ところどころに遺伝子が存在していることになります（図5）。

ちょうど鉄道の線路を考えてもらうとわかりやすいかもしれません。JRの鉄道ネットワークは鹿児島本線や山陽本線、山陰本線、東海道本線、北陸本線、東北本線、函館本線、予讃線などの、さまざまな路線に分かれています。それぞれの路線にはレールが敷かれていて、ところどころに駅があります。ゲノムは全体の鉄道網、染色体は路線、DNAはレール（どちらもペアで構成されています）、遺伝子は駅です。路線がだめになると鉄道網が機能しませんし、レールが壊れると路線はストップします。駅が壊れるとこれはもう町が大混乱になります。これと同じように、ゲノムにおいても、染色体、

DNA、遺伝子のいずれもそれぞれ重要な役割を果たしています。

DNAを構成する4種類の核酸塩基は糸状に長くつながるのですが、遺伝子の部分においては、G、A、T、Cの4つの核酸塩基の並び方が情報としての意味をもつことになります。遺伝子からは、リボ核酸（RNA）とよばれる、DNAと似たG、A、U（ウラシル）、Cであらわされる4つの核酸塩基物質により、メッセンジャーRNAとよばれるものがつくられます（図6）。このメッセンジャーRNAの核酸塩基の並びの情報にしたがって、アミノ酸が順番につながり、身体の重要な構成要素であるタンパク質がつくられるのです。実は、メッセンジャーRNAをつくる際に、遺伝子のDNAから、GはCに、CはGに、TはAに、そしてAはU（これだけDNAとは違う名前がつけられています）に写してつくられます。したがって、遺伝子であるDNAの相補鎖側（遺伝子配列とは反対側のDNAの糸）から写されると、遺伝子の配列と同じ並びのメッセンジャーRNAの糸ができます（もちろんTの代わりにUが入ります）。ちょうど暗号の伝文がつくられるようなものです。

生命のしくみは驚くほどよくできていて、この遺伝子の暗号伝文（メッセンジャー

ＲＮＡ）は、暗号開始位置から核酸塩基を３つずつ区切って意味をもたせています。この３つの核酸塩基のつながりはコドンとよばれていて、Ｇ、Ｃ、Ａ、Ｕのたったの４種類しか核酸塩基はありませんが、そのなかの３つの並びで意味をもたせることで、タンパク質合成でアミノ酸を取り込む際に、生体が利用できる20種類あるアミノ酸のうちのどれに対応するかが決まるのです。コドンには、どのアミノ酸をもってくるかという対応に加えて、「ここからタンパク質をつくります（開始）」という指令と「ここでタンパク質の合成を終わります（終止）」という暗号も含まれます。Ｇ、Ｃ、Ａ、Ｕの３塩基の組み合わせにより、どのアミノ酸をもってくるか、あるいは「開始」か「終止」の指令に対応するのか、すべて明らかになっています。

図７はコドン表とよばれる、遺伝学のゆるぎない重要な暗号表です。４種類の核酸塩基のなかの３つの並びで暗号はつくられているので、その組み合わせは64種類あります。一方、アミノ酸は20種類で、それに「開始」か「終止」があるだけなので、ひとつのアミノ酸や指令に対して複数のコドンが対応します。たとえば、セリンというアミノ酸は、ＵＣＵ、ＵＣＣ、ＵＣＡ、ＵＣＧという４つの暗号のコドンのいずれも対応し

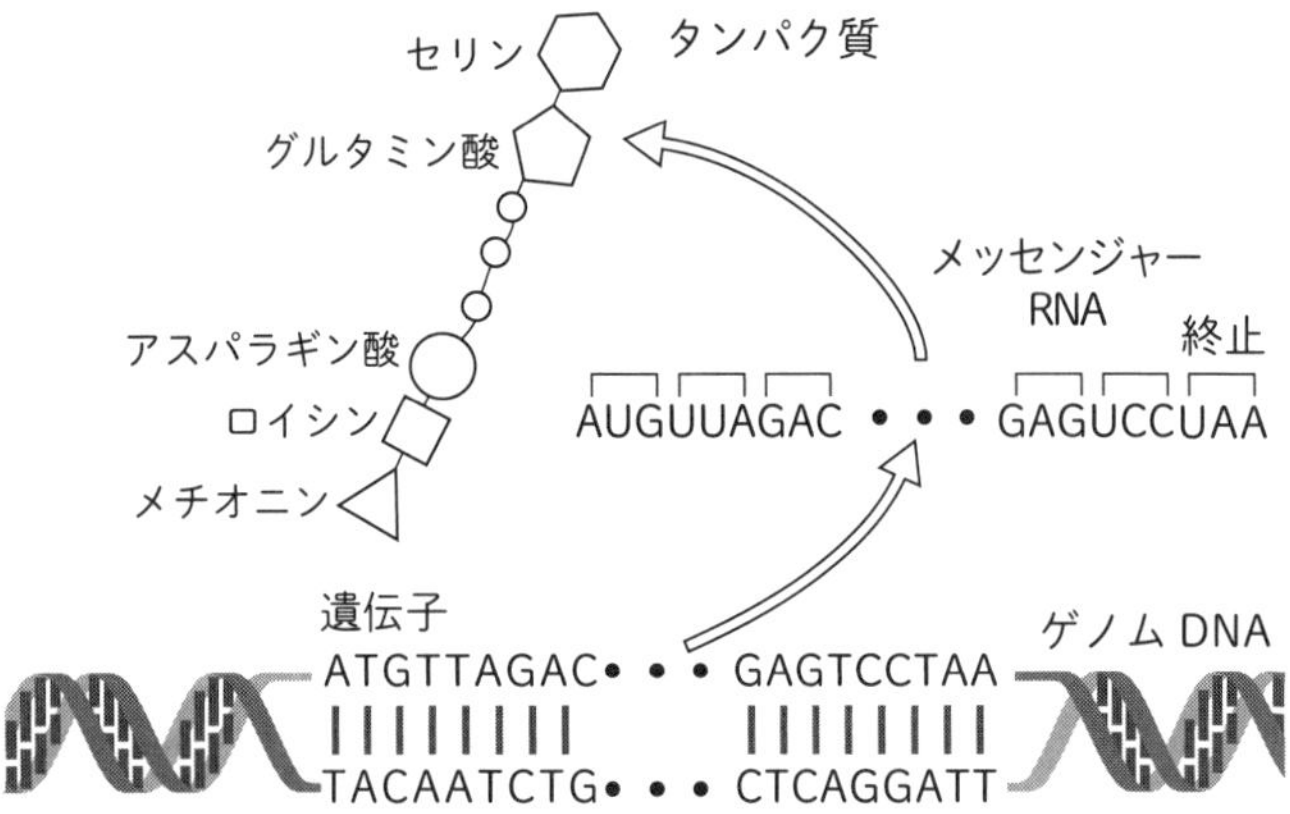

図6　遺伝子からメッセンジャーRNAへの転写、そしてタンパク質合成への流れ

ます。これらのコドンを見るとわかるのですが、最初の2文字が重要で、最後の1文字は、4つの塩基のいずれでも同じアミノ酸に対応することがよくあります。

遺伝子からつくられたメッセンジャーRNAは長くつながっていますが、どこかで最初に出てきた「開始」の指令以降は、3塩基ごとにコドン表に基づきアミノ酸をもってきて、順番につないでいきます。そうして最後の「終止」の指令が出てきたところで、アミノ酸をつなぐのを終了します。

このようにして、細胞の中で遺伝子の情報に基づいて、アミノ酸が長く一列に

		2番目の塩基							
	U		C		A		G		
1番目の塩基									3番目の塩基
U	UUU	フェニルアラニン	UCU	セリン	UAU	チロシン	UGU	システイン	U
	UUC		UCC		UAC		UGC		C
	UUA	ロイシン	UCA		UAA	終止	UGA	終止	A
	UUG		UCG		UAG		UGG	トリプトファン	G
C	CUU	ロイシン	CCU	プロリン	CAU	ヒスチジン	CGU	アルギニン	U
	CUC		CCC		CAC		CGC		C
	CUA		CCA		CAA	グルタミン	CGA		A
	CUG		CCG		CAG		CGG		G
A	AUU	イソロイシン	ACU	スレオニン	AAU	アスパラギン	AGU	セリン	U
	AUC		ACC		AAC		AGC		C
	AUA		ACA		AAA	リシン	AGA	アルギニン	A
	AUG	メチオニン（開始）	ACG		AAG		AGG		G
G	GUU	バリン	GCU	アラニン	GAU	アスパラギン酸	GGU	グリシン	U
	GUC		GCC		GAC		GGC		C
	GUA		GCA		GAA	グルタミン酸	GGA		A
	GUG		GCG		GAG		GGG		G

図７　遺伝子情報解読のための暗号表：コドン表

つながることでタンパク質がつくられるのです（図６）。逆にいうと、コドン表が明らかになっている現在では、遺伝子の配列がわかると、タンパク質のアミノ酸配列もわかることになります。タンパク質がどのようなアミノ酸の並びからつくられるのか、それは遺伝子の配列により明確に決められているのです。とてもよくできた、生命をつくりあげるもっとも重要なしくみです。

2　遺伝子の異常がもたらす外見の違い

遺伝子は、よく生命の設計図といわれます。先に述べたように、遺伝子の配列は見事な暗号表のしくみにより、どのようなタンパク質をつくるのか正確に決めることができます。

では、この遺伝子の配列に間違いがあるとどうなるのでしょうか？　それぞれのアミノ酸に対して、複数のコドンが対応しているので、塩基の並びの違いが必ずアミノ酸の違いになるわけではありません。先ほどのセリンというアミノ酸の場合のように、UCCの3番目の塩基がAに変わってUCAになっても、やはり同じセリンに対応します。しかし、2番目の塩基がAに変わってUACになると、チロシンというアミノ酸をもってくることになります。

このような配列の間違いの場合は、タンパク質の中のアミノ酸の違いを引き起こします。場合によってはアミノ酸を本来もってくるべきところで、「終止」の指令に変化してしまうこともあります。そうすると、タンパク質をつくる途中で合成が終了してしまい、短いタンパク質になってしまいます。アミノ酸が変化したりタンパク質が短くなったりすると、タンパク質の性質も違ってきて、うまく働かないこともあります。あるいはまったくタンパク質がつくられなくなることもあるでしょう。

遺伝子のつくるタンパク質が異常になるような遺伝子側の変化が突然変異です。たとえば、白い毛色で目の色が赤くなるアルビノという変異があります。この変異は、さまざまな動物種で知られています。たとえば、山口県の岩国市にいる国指定の天然記念物であるシロヘビは、白い身体に赤い目をしていて、劣性遺伝をすることが知られている突然変異体です。マウスでも、白いネズミは富をもたらすとして日本では昔から親しまれてきました。このマウスのアルビノは、チロシナーゼという遺伝子に突然変異が入ることによって生じるものです。マウスの研究で古くから知られているチロシナーゼの変異体は、専門的には Tyr^{c} と表示されています。

このチロシナーゼ遺伝子では、85番目のコドンで塩基がＵＧＵからＵＣＵに変わることで、本来システインというアミノ酸をもってくるはずが、セリンというアミノ酸に変化しています。このたったひとつのアミノ酸の変化により、酵素の働きがうまくできなくなり、色素合成ができなくなって、毛の色が白くなることがわかっています。このことからも、この遺伝子の暗号表がいかに重要であるかわかります。重要な暗号に1文字でも間違いが入ると、マウスの外見まで変わることもあるのです。

3 体質に関わる遺伝子の変異

身近な形質も、遺伝子の変異により影響を受けることがあります。読者のなかには、宴会でついつい飲みすぎてしまって、昨夜のことは覚えていないし、二日酔いで気分は悪いしで、深く反省する……なんていう経験に思い当たる方もいるでしょう。あるいは、「一度お酒を飲んで気分が悪くなってから二度と飲んだことがない」という方もいるかもしれません。このような、アルコールをどれだけ飲めるかという体質にも遺伝子が関わっています。

アルコールを飲んだ際の感受性の個人差に関わる重要な遺伝子は二つあります。ひとつは、アルコールをアセトアルデヒドに変える（代謝する）アルコール脱水素酵素（ＡＤＨ２）の遺伝子で、二つ目は、そのアセトアルデヒドを酢酸に代謝するアルデヒド脱水素酵素（ＡＬＤＨ２）の遺伝子です（図８）。実は、アセトアルデヒドは身体にとって有害で、顔が赤くなったり、吐き気を催したり、あるいは二日酔いになったりする原因となる物質です。一方、アルコールが分解されないで血中濃度が高くなると、陽気になったり足がふらついたりする原因になります。どちらも身体にとってはあまりよいものではないので、アルコールを飲んだら身体はできるだけ速やかに分解したいわけです。このＡＤＨ２とＡＬＤＨ２には、人によってその活性が異なるタイプがあることがわかっています。したがって、ＡＤＨ２の活性が高くて、しかもＡＬＤＨ２の活性も高い人は、お酒を飲んでもなかなか顔色も変えず、いつまでもお酒を飲み続けることができます。その一方で、ＡＤＨ２の活性が弱いと、アルコールの血中濃度が高くなるので酔いやすくなります。また、ＡＬＤＨ２の活性が弱いと、アセトアルデヒドの血中濃度が高くなり、悪酔いをしたり気分が悪くなったり、あるいは激しい二日酔い

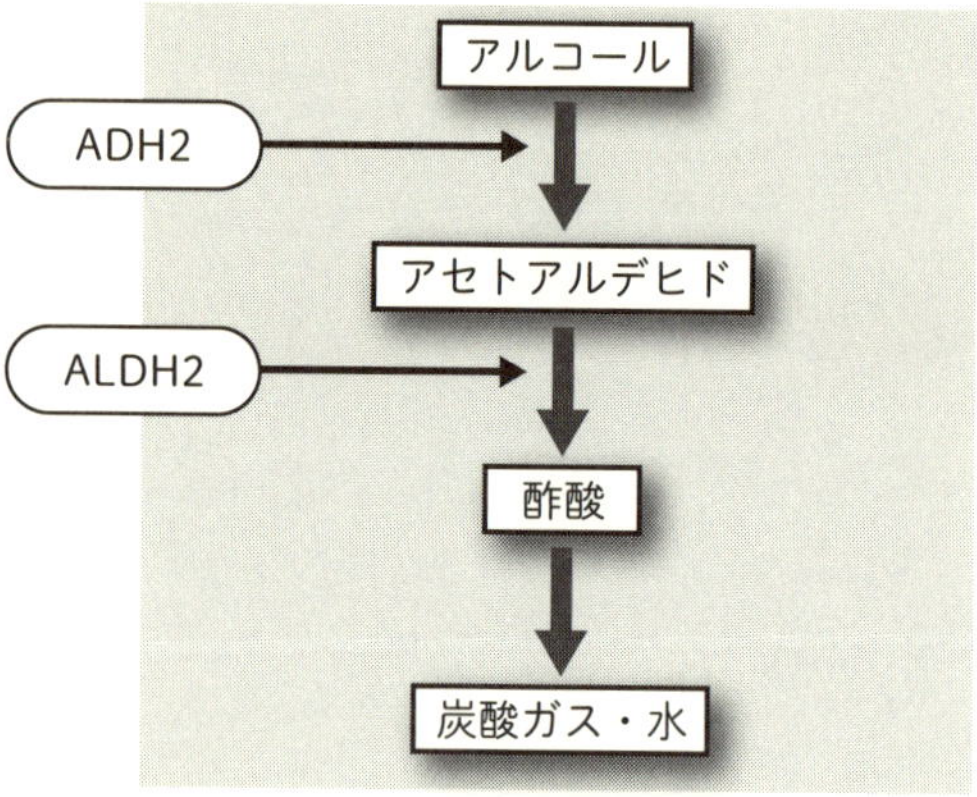

図8　体内におけるアルコールの分解経路

に悩まされることになります。

　両親から受け継いだ両方のＡＬＤＨ２の遺伝子がともに活性が低いタイプのものだと、アルデヒド脱水素酵素の活性がほとんどなくなるので、こういう人は生まれつきお酒がほとんど飲めません。人では、ＡＬＤＨ２タンパク質の４８７番目のアミノ酸である、グルタミン酸のコドン（ＧＡＡ）がリジンのコドン（ＡＡＡ）へ突然変異した遺伝子が見られます。このＧからＡへのただひとつの塩基が置換したＡＬＤＨ２の遺伝子をもつことで、お酒に弱くなってしまうのです。ＡＬＤＨ２遺伝子のタイプには、人の集団間で割合に違いがあることが知られています。コーカソイド（白人）やネグロイド（黒人）においては、ほとんどの人で活性が高いタイプのＡＬＤＨ２遺伝子をもっていますが、日本人や中国人などのモンゴロイドでは活性の低いタイプの遺伝子をもつ人の割合が高くなります。したがって、西欧に比べて、日本人には体質的にお酒を飲めない人が多いのです。飲み屋街で酔っぱらったおじさんたちを見て、西欧の人たちが、「日本人は酔っ払いに寛容すぎる」と言ったりします。しかし、西欧の人たちと日本人では、体質の違いがもともとあるのです。

お酒を飲めるか飲めないかは、かつては鍛えれば飲めるようになるというスパルタ的な考え方もありましたが、実は鍛えてもどうにもならない、もっている遺伝子によって生まれながらに決まっている体質なのです。このことが知られるようになってきて、飲酒の強要や無理な一気飲みなどが以前よりは減ってきました。そういう意味でも、遺伝学が進んだことにより、無理な飲酒をせずに助かった人も多いに違いありません。

4　人における遺伝子変異と病気の発症

遺伝の本体であるＤＮＡの構造が解明され、さらにＤＮＡの配列を調べる方法が開発されたことで、これを明らかにしようとする研究が加速することになりました。研究の初期の頃は、生物機能に重要な働きをしていることがわかっている、あるいは重要だと予想されているタンパク質が精製され、そのアミノ酸の並びの一部を明らかにすることで、コドン表から遺伝子の配列の一部分について予想が立てられました。そうして、その配列をもっている遺伝子を探し出してくるのです。このようにすることで、生物において重要な機能をもっている酵素や受容体などの遺伝子の配列が次々と明らかにされていきました。正常な遺伝子の配列が明らかにされると、次はその遺伝子に変異が生じることにより引き起こされる遺伝性疾患（遺伝性の病気）に関わる変異の同定が進められました。

たとえば、フェニルケトン尿症という疾患（病気）は、遺伝子の変異により、フェニルアラニン水酸化酵素などが異常を起こすことで生じます。この患者は、生まれてすぐにフェニルアラニンの摂取制限などの対応をしないと、血液中のフェニルアラニン量が異常に高くなり、やがて精神の発達が遅れ、知的障害を引き起こしてしまいます。

フェニルアラニン水酸化酵素の遺伝子を調べることで、いろいろな変異が明らかになりました。たとえば日本人のフェニルケトン尿症患者で多く見られる例のひとつでは、フェニルアラニン水酸化酵素の４１３番目のアミノ酸の部分で、本来アルギニンをもってくるコドン配列（ＣＧＣ）がＣＣＣへと1塩基だけ変わることで、プロリンをもってくるようになります。この４１３番目のアルギニンがプロリンに変化すると、フェニルアラニン水酸化酵素の活性は、正常なものに対して0〜3パーセントに低下してしまい、ほとんど働かなくなることがわかっています。このように、ひとつの塩基の違いが遺伝性の病気の発症に重要な役割を果たすことがあるのです。

変異のなかには、タンパク質そのものに異常が生じるものだけではなく、その量に違いをもたらすものもあります。脆弱X症候群は、X染色体とよばれる、男性と女性でもっている数が異なる染色体上にある遺伝子で生じる変異で、精神発達障害や多動性などとともに、顔かたちの違いをもたらします。この変異は、ＦＭＲ１とよばれる遺伝子の最初のほうで生じているのですが、先に述べたようなタンパク質をつくる部分ではなく、アミノ酸に対応するコドンとは関係のない部分に生じる（ＣＧＧ）という３つの塩基配列のくり返しにより生じるものです。正常な遺伝子では、（ＣＧＧ）が45回程度までのくり返しをもっているのですが、これが猛烈に増えて、２００回を超えると、ＦＭＲ１遺伝子のメッセンジャーＲＮＡがほとんどつくられなくなり、その結果ＦＭＲ１タンパク質もつくられなくなって、脆弱Ｘ症候群という病気になるのです。このように、遺伝子の異常のなかには、遺伝子からどの程度タンパク質がつくられるかという、「量」を調節する段階での異常もあるのです。

第5章
遺伝子と心の病気の関係を探る

｜心の病気も個性の延長上にある

この章では、人の個性に関連した心の病気と遺伝子との関係について紹介します。といっても、皆さんのなかには、個性と心の病気を同様に議論することに少し疑問を感じる方もいるかもしれません。そこで、まず心の病気と個性の関係について少し考えてみたいと思います。

心の病気と個性の間には明確な違いはあるのでしょうか？　自閉症者（現在は自閉症やアスペルガー障害などの細かな分類は根拠が薄いと考えられ、全体を総称して自閉症スペクトラム障害とよばれる）は、対人関係がうまく形成できない、他人とのコミュニケーションがうまくできない、特定の物に固執して反復行動をするなどの特徴的な症状を示します。そのため、周りの人から見ると、患者の行動や心の中はミステリアスであり、普通の人とは大きく異なるものだという気もしがちです。

ところが、自身が自閉症であるドナ・ウィリアムスが著した『自閉症だったわたしへ』という自叙伝を読むと、考え方が変わるかもしれません。たとえ「世の中」から見ると不可解な行動であっても、彼女がいう「わたしの世界」のなかではしっかりと理由があり、意味のある行動であることがわかります。たとえば、「世の中」の人から見ると「人と目を合わさない子」と受け取られても、そのときウィリアムスは、「わたしの世界」では見える、明るいパステルカラーのシャボン玉のようなものを必死になって凝視しているのです。また、ある物に固執することも、ウィリアムスにとっては、自分を守ってくれるお守りのような大事な意味をもっていて、もしその物がなくなると悪者に襲われるのではないかという恐怖感がわいてくることを、わかりやすく著書のなかで説明しているのです。ウィリアムスの心の中には、普通の人となんら変わらない、そのような振る舞いの理由があるのです。もし「世の中」の人が「わたしの世界」を想像する余裕があれば、かなり見方も違ってくることでしょう。普通に暮らしている人と自閉症者との間には、その世界の中で見ているものは違っていても、心の本質に大きな違いはないのです。

また、気分の落ち込みなどが長く続くのを特徴とするうつ病は、日本人において生涯で発病する割合は3～7パーセント（厚生省による患者数調査）といわれ、高い頻度で発病する身近な心の病気です。最近、このうつ病患者が増えてきているといわれており、1999年には44・1万人程度で横ばい状態でしたが、2008年には100万人を超えて、現在も高い患者数で推移しています。この患者数の増加は、経済不況などによる社会環境の厳しさが関係しているともいわれていますが、実は診断の基準が少し変わると患者数も大きく変わるともいわれています。近年は、うつ病などで医師の診察を受けることへの抵抗感が少なくなり、重症でなくても受診するようになってきたことも患者数の増加の一因と考えられています。つまり、仮にあるところで患者としての診断の線引きをしたとしても、その下には多くのうつ病予備軍と考えられる人たちがいるのです。

こうしたありふれた病気の診断は、海に浮かぶ氷山に例えられることがあります（図9）。海上に出ている氷の部分はごくわずかですが、その海面下にはそれよりもはるかに大きな氷が控えているのです。便宜上、診察で患者であるかそうでないか診断を下すことになりますが、その線引きは難しく、区別しにくいものなのです。

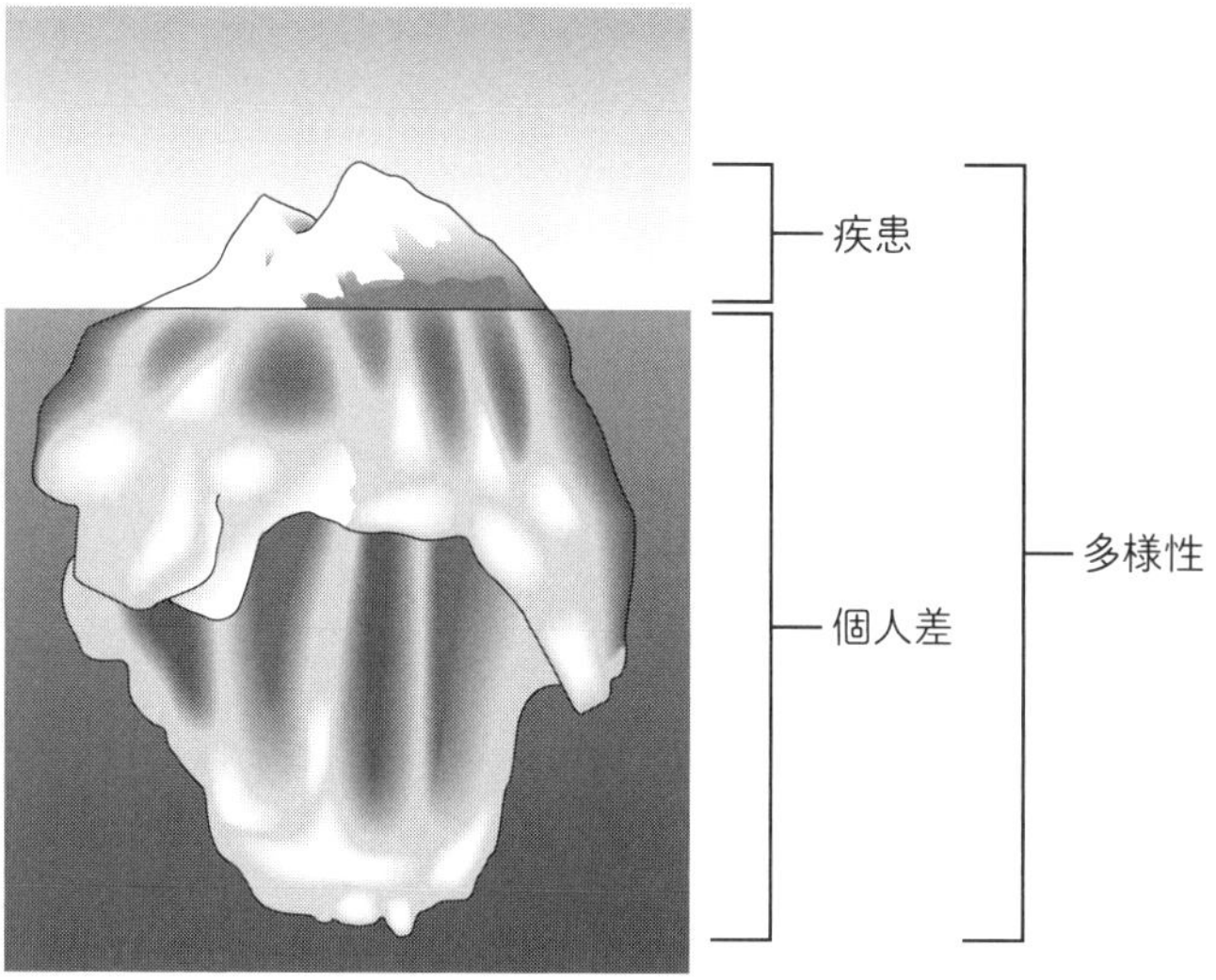

図９　疾患と個人差の関係

このように考えると、海面下に控えた膨大な個性の多様性を生み出すしくみを理解するためには、病気と診断された人についても理解が必要であり、逆に病気の原因を理解するためには、個性のしくみについても理解が進まなければならないのです。

2 心の病気の原因遺伝子を探す

心の病気について、その原因となる遺伝子を明らかにしようとする取り組みは、ずいぶん長く進められてきました。そのなかでよくわかっている例をご紹介しましょう。

どうしても犯罪をしてしまう、そうした反社会的な心の病気に深く関わる遺伝子を探したハンス・ブルナーらの研究がよく知られています。オランダでは、ある血縁関係の人たち（家系）のなかでは、多くの男性が知的障害を示し、さらに衝動的に攻撃行動や強姦未遂などの反社会的行動を高い頻度で起こしていることがわかりました。この家系の人たちの協力を得て、どの遺伝子が関わっているか遺伝学的に解析したところ、原因は脳の中で働くモノアミンを分解するために必要なモノアミンオキシダーゼ（MAOA）という酵素をつくる遺伝子の異常であることがわかりました（図10）。モノアミンとは、ドーパミンやセロトニン、ノルアドレナリンなどの脳内で働く神経伝達物質の総称です。これらの物質は、神経で働いた後は適切に分解されないと蓄積して、や

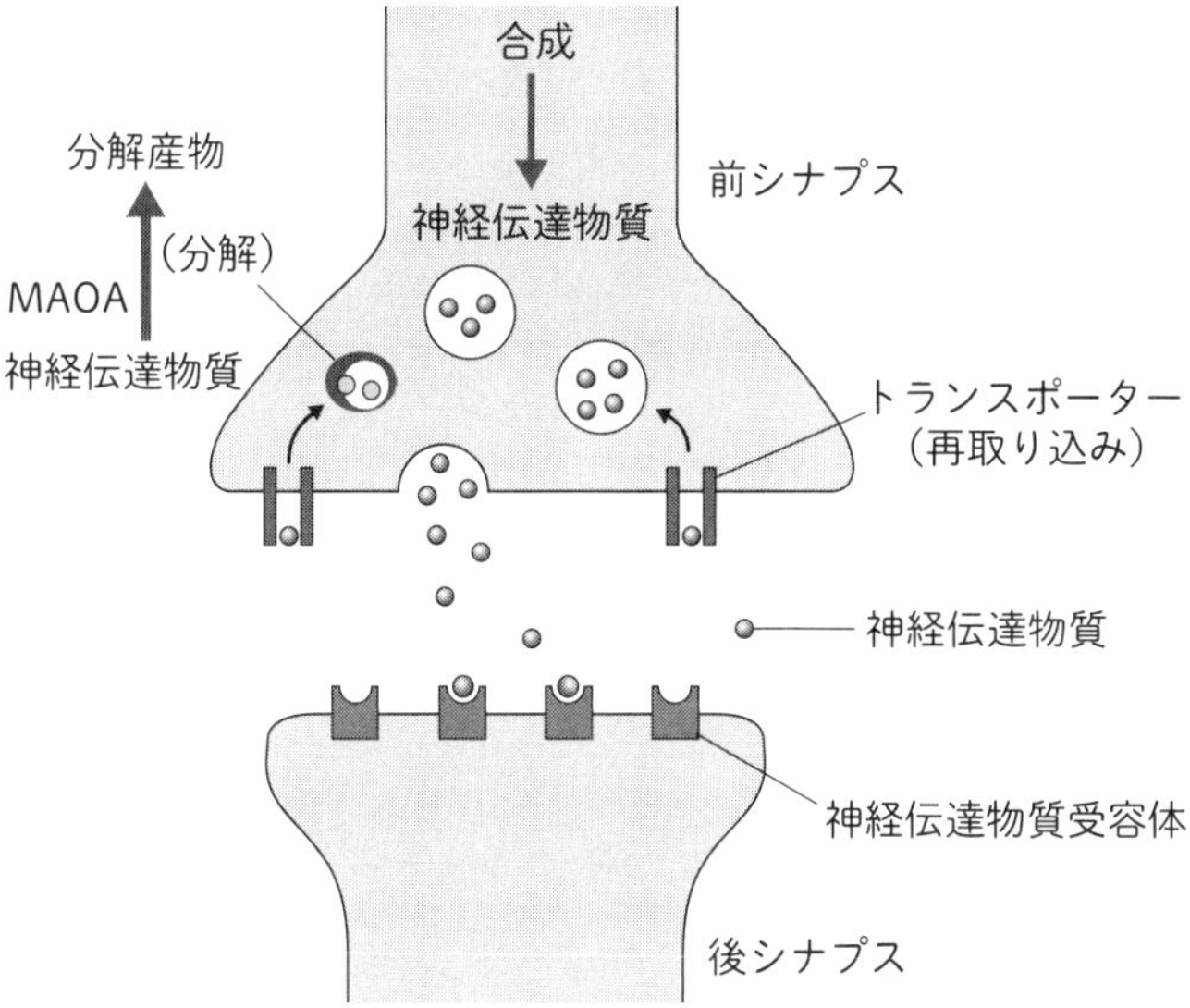

図10　シナプスで働くさまざまな遺伝子産物

がて脳の働きに大きな影響を及ぼすことが予想されます。

このＭＡＯＡ遺伝子は、性染色体とよばれるＸ染色体上にあることがわかりました。性染色体は文字通り、男性か女性かという性を決める働きをもつ染色体です。男性はひとつのＸ染色体に加えてＹ染色体をもち、女性はＸ染色体を二つもちます。男性ではＸ染色体をひとつしかもたないため、異常なＭＡＯＡ遺伝子があると、その影響が直接あらわれてしまいます。一方で女性の場合は、仮に異常なMAOA遺伝子があるX染色体をもっていても、もうひとつのX染色体に正常なMAOA遺伝子があれば、その働きを補ってくれます。

さて、異常になったMAOA遺伝子からつくられるタンパク質は合成が途中で「停止」するために、機能のあるMAOA酵素をつくれないことがわかりました。したがって、異常なMAOA遺伝子をもつ男性は、生まれて以降モノアミンを分解する効率が悪くなり、その結果、分解されないでたまったモノアミンの影響により過剰な攻撃行動が引き起こされると考えられているのです。このように、MAOA遺伝子がうまく働かなくなると、男性において高い攻撃行動や反社会的行動を起こすことが示されました。

しかし、MAOA遺伝子の変異が、高い攻撃性を示す他の人たちの原因となるかというと、そうではないのです。この遺伝子異常は人の集団のなかで非常にまれなために、人に見られる攻撃性の個人差を示す結果とはなっていないのが現状です。

ここで紹介したような、ひとつの遺伝子に起きた異常が病気を引き起こすような例は、その病気が家族内で遺伝するために、原因となる遺伝子の同定が可能になります。しかし、こうしたひとつの遺伝子の異常により生じる病気は、人の集団内でもっている人の割合が低いため、皆さんが普段身近に見聞きする機会はなかなかありません。

その一方で、多くの人が身近に見る病気は「ありふれた病気」とよばれています。例として、高血圧症や糖尿病、狭心症、貧血、がんなどがあります。このように見ると、突然身近な問題になるのがよくわかります。精神疾患でもこのありふれた病気とよばれるものが多くあり、たとえば統合失調症やうつ病、自閉症、注意欠陥多動性障害（ＡＤＨＤ）などが知られています。いずれもその発症頻度は高く、１００人に１人以上、うつ病では生涯発症率が実に７人に１人にのぼります。このようなありふれた心の病気は、高い頻度での発症が見られ、明確な家族性が見えにくいのが特徴です。では、そのようなありふれた心の病気に関わる遺伝子を探す研究はどのように進められているのか、何がわかってきているのか見ていきましょう。

3　ありふれた心の病気に関わる遺伝子を探す

統合失調症は、もともとはドイツの精神科医であるエミール・クレペリンが精神病のひとつとして分類したものです。この病気は、発症年齢が20歳から30歳頃と若く、男性・女性に関係なく発症します。発症の頻度はおおよそ100人に1人ですから、皆さんの知り合いに統合失調症の患者がいても珍しくないのです。それほどこの疾患の頻度は高く身近なのです。その症状は、幻覚や妄想、さらに奇異な行動をとる（陽性症状）こともありますが、一方で患者によっては感情や思考が鈍

図11　ムンク（1863～1944）の「叫び」。オスロ国立美術館所蔵

図12　ルイス・ウェイン（1860〜1939）の描いた猫のイラスト。
左：擬人化した猫、右：王立ベスレム病院に入院中の作品

くなったり社会性がなくなる陰性症状を示します。また、集中力や記憶力に障害が出ることもあります。

このように、統合失調症を発症すると、社会生活上大きな問題をかかえることにもなりますが、その一方で、芸術などの分野で優れた業績を上げる例も知られています。正確な診断がされていたわけではありませんが、エドワルド・ムンクは、あのあまりにも有名な「叫び」を描いたとき（1893〜1910年）には、統合失調症を患いはじめていたといわれています（図11）。赤く湾曲した夕暮れの空の景色、人の不自然なゆがんだ形な

どは、統合失調症患者の示す不安や恐怖をあらわしていると考えられますし、この「叫び」は、ムンク自身が幻聴を聞いた経験を絵にしているといわれているのです。

もう一人、統合失調症との関連でよく紹介されるルイス・ウェインという画家がいます。イギリスのロンドンで1860年に生まれたウェインは、擬人化したコミカルな猫の絵を描く有名な画家でした。たとえば、2本足で歩きゴルフをする猫などの作品が見られます。ウェインは57歳のときに統合失調症に罹患し、症状が悪化したときには絵の作風が変化したということです（図12）。入院中の絵では、背景がゆがみ、身体の毛はとがって、猫がずいぶん凶暴そうに見えます。また、統合失調症になってから、「万華鏡猫」とよばれる、幾何学的な模様で派手な色合いの猫の絵を描くようになったことは有名です。ただ、この万華鏡猫を描きはじめた時期については、正確にはわからないという指摘もあります。

こうした変化は統合失調症患者の心の中の混乱をあらわしているともいえます。統合失調症は先にも触れたように、高い頻度で発症するため、病因の究明や遺伝的基盤の解明が特に求められています。しかし、原因となる遺伝子はなかなか明らかになっていな

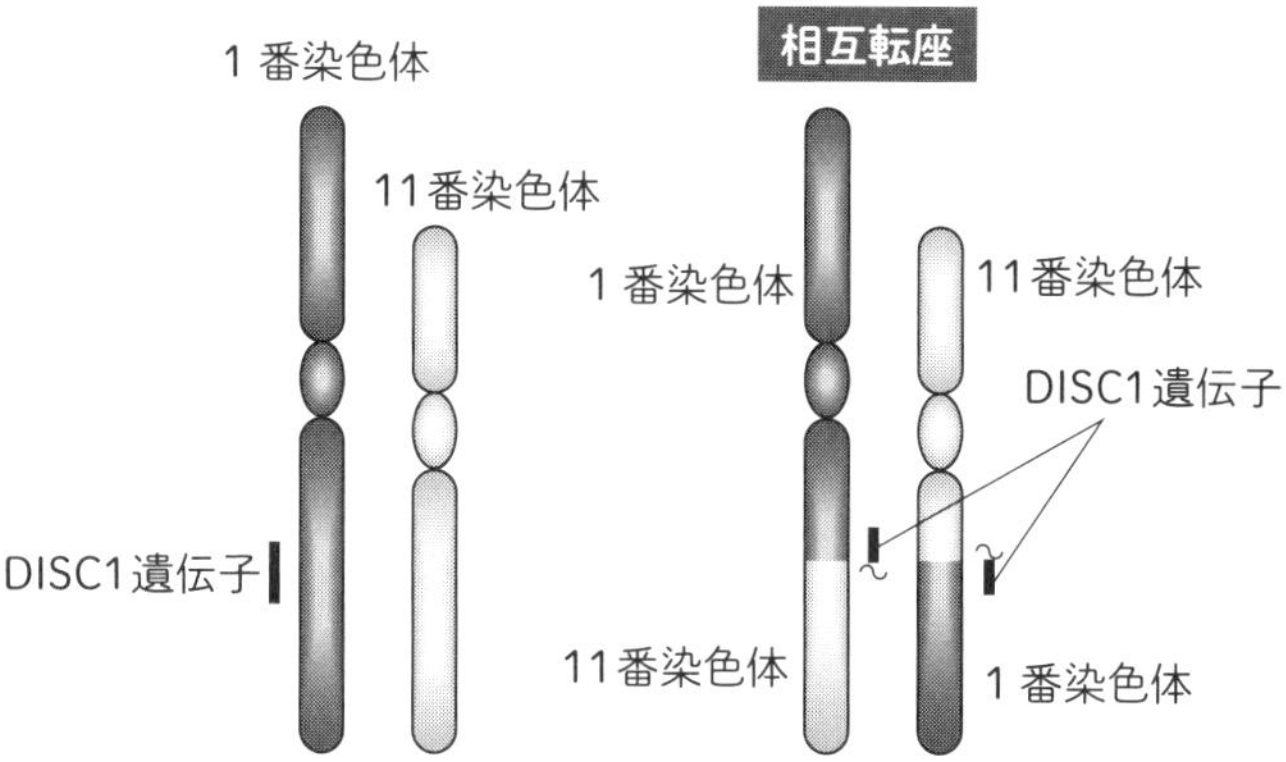

図13　統合失調症を引き起こす遺伝子変異

いのが現状です。

２００１年に、統合失調症の原因となる遺伝子を探すという意味で、重要な論文が発表されました。エジンバラ大学のダグラス・ブラックウッドらが、スコットランドの統合失調症の患者が多く見られる大規模な血縁者の集団（家系）を調べたところ、1番染色体と11番染色体がお互いに切断されてくっついた「相互転座」という現象が、統合失調症の発症と関わっていることを示しました。この相互転座では、1番染色体が途中から11番染色体になり、一方で、11番染色体が途中から1番染色体になっているのです（図13）。このような染色体の相互転座がある場合、29人のうち7人という高い割合で統合失調症を発症していました。この転座をもつ人では、統合失調症以外にも双極性障害（気分が高まったり、落ち込んだりをくり返す病気）やうつ病などの発症が高い頻度で見られることから、精神疾患とこの相互転座が関わっていると考えられました。

もしそのような相互転座により分断されて壊れた遺伝子があるとすれば、その遺伝子が病気の原因ではないかと考えられます。実際にそうして見つかったものとして、Disrupted-in-schizophrenia 1（DISC1）という遺伝子が報告されたのです。遺伝子にはさまざまな名前のつけ方がありますが、このDISC1という遺伝子には、「統合失調症患者において壊れている遺伝子」という、まさしく直接的に病気との関連を示唆する意味の名前がつけられています。DISC1はその後の研究で、神経細胞の移動や神経線維が伸びていく現象などに関わっていることが示され、脳の働きにとって重要な役割を果たしていることがわかってきました。

しかし、世界中にいる実際の統合失調症患者のなかで、この相互転座が関わっている例はスコットランドの例以外にはほとんどなく、またDISC1遺伝子そのものの配列の違いが関わっている例はほとんど見つからないため、統合失調症の重要な因子というには、現時点では疑問があります。先に紹介した反社会的行動に関わるＭＡＯＡ遺伝子の異常を発見したケースと同じように、この統合失調症の例でも、家系内で高い発症を示すケースについて研究を進めて、その原因遺伝子を明らかにしたとして、一度は注目を集めました。しかし、その後、このようにして見つかったＤＩＳＣ１遺伝子異常は、統合失調症の原因として一般化できないことがわかってきたのです。

先のＤＩＳＣ１の発見の例は、特定の遺伝子や染色体異常が統合失調症の発症に関わっているという仮定に基づく研究です。しかしこれまでの研究で、その仮定はほぼ否定されてしまいました。現在は、むしろ多数の、誰もがもちうる遺伝子が集まることで発症に関与していると考えられています。統合失調症は、その遺伝率が30〜50パーセントです。つまり、遺伝的要因の関わる割合が発症原因の４割程度を占めることになります。発症原因のそれなりに多くの部分には、その人が保有している遺伝子が関与していることを示しているのです。ただ、これまでの遺伝学による研究でわかってきたことは、その発症に関わる遺伝的要因は多数あり、それらと環境的要因の複合的な組み合わせにより発症に至るということです。

多数の遺伝的要因を同時に解析する手法として新たに考えられたのが、全ゲノム関連解析です。この方法は、ゲノム解析が進展し、個人個人のゲノムの間でのDNA配列の違いが明らかになることで可能になりました。最新の研究では、統合失調症を発症している患者3万6989人と、その比較対象として、なんと11万3075人という多数の健常な人について、ゲノム全体で見つかるDNA配列の個人間の違いを示す「DNA配列多型」と「統合失調症発症の有無」との関連が調べられました(Schizophrenia Working Group of the Psychiatric Genomics Consortium 2014)。その結果、ゲノム上の108個の遺伝子領域(ほぼ108個の遺伝子に対応する)が統合失調症の発症に関係していることがわかりました。この結果は、統合失調症のゲノム遺伝学解析として、現在考えられるもっとも詳細で信頼性の高い研究と考えられています。ここにもやはり、前述のDISC1遺伝子は含まれていませんでした。

この結果は、必ずしも一人の統合失調症患者において、108個の遺伝子領域すべてが関与していることを示しているわけではありません。3万5000人以上という膨大な数の患者すべてにおいて関与しうる遺伝子の領域を明らかにしたものです。したがって、特定の患者において見るならば、多数ではありながらも１０８個のうちの一部の遺伝子領域が関わっていると考えられます。それにしてもこの数、１０８個とは人の煩悩の数と同じで、多いことの代名詞にもなっています。病気に関わる遺伝子の数としても、これまでの考え方を変えなければならないほどの多い数です。この結果は、統合失調症のようなありふれた疾患に関わる遺伝子の働きがいかに複雑か、またその遺伝子同定に向けた研究がいかに難しいかをよく示しています。

第6章

個性を決める遺伝子は本当にあるのか？

｜個性に関わる遺伝子を探す

　ここまで、集団のなかで１００人に一人あるいはそれ以上の高い頻度で見られる、ありふれた病気の発症リスクに関わる遺伝子を探す研究について紹介してきました。最後に紹介した、１０８個の統合失調症関連遺伝子を見つけた研究は、疾患をもっているたくさんの人のグループと、もっていないたくさんの人のグループに分け、それぞれの人のゲノムＤＮＡの配列の違いを調べたうえで、疾患を発症する・しないに顕著に関わる配列の違いを探すものです。この方法は、たくさんの考えられる要因のなかから、疾患に関わる原因となるものを探すという点で、疫学的調査に似ています。

　たとえば、肺がんになった人のグループと健康な人のグループがあります。肺がんを発症する原因を探すために、生活習慣や日常的に摂取する嗜好品などを網羅的に探します。睡眠の量、運動量、日常的に食べるもの、薬、コーヒー、お酒、タバコなどです。このなかで、たとえば肺がんにかかった人のグループではタバコを吸う人の割合が有意に高ければ、タバコを吸うのが肺がん発症のリスクを高めることになると考えられるわけです。

これと同じことをゲノムＤＮＡの配列、特に遺伝子上のＤＮＡ配列の特徴に関して行なうのです。もし個性に関わるデータがそれぞれの人に関して得られていて、同時にそれぞれの人の遺伝子ＤＮＡ配列上の特徴がわかっていれば、その個性の違いに関する遺伝子を探すことに利用できそうです。そのような方法で遺伝子を探した報告について見てみましょう。

2　ドーパミン受容体と「新しいもの好き」の関係は本当？

ドーパミンは脳の中のさまざまな神経活動を調節して、運動や学習、さらにやる気などを制御し、その一方でアルコールや薬物への依存などにも関連している、重要な神経伝達物質のひとつとしてよく知られています。このドーパミンには、それぞれ異なった役割をもつ、受容体という受け手が4種類あることがわかっています。そのうちのひとつ、ＤＲＤ４受容体は、それ自身が抗精神病薬のターゲットとなり、心と密接に関わっていることが知られています。したがって、その遺伝子の配列や働きの違いが性格と関わっているというのは、おおいに期待される仮説なのです。

米国のリチャード・エブスタインらのグループは、ＤＲＤ４をつくる遺伝子が、新しいものへの好奇心に関連していることを１９９６年に報告しました。ＤＲＤ４遺伝子のなかに、48塩基を単位とするくり返し配列があります。遺伝子の配列は３つの核酸塩基がセットになりひとつのアミノ酸を決めるので、48塩基は16個のアミノ酸に対応します。それが人により2回、４回、７回の３種類の異なるくり返しタイプをもつＤＲＤ４遺伝子があって、このくり返し回数が多いほど好奇心が強い傾向があるというのです。

ドーパミン受容体は心の調節に重要であることが期待され、この報告は多くの研究者やマスコミにとって、とても魅力的なストーリーであったことから、好奇心を制御する遺伝子としてよく知られるようになりました。つまり、遺伝子に見られるタンパク質の長さを変える配列が違うだけで、ドーパミンという重要な神経伝達物質の働き方を変えて、それが性格を変えることに結びつくというのです。

その後、さまざまな集団で、人の心との関連が調査されました。さらに、他の動物に見られる気質などでも同様の調査がなされました。そうした研究では、この48塩基のくり返し回数と性格との関連については、再現性があることを示す報告がある一方で、そのような性格との関連は見られないというネガティブな報告も多数出てきました。魅力的な仮説であっただけに、当初は多くの研究者が追試を試みて、さらにマスコミでも頻繁に取り上げられましたが、その後はあまり顕著な証拠は得られないまま、現在では注目されることも少なくなりました。

3　セロトニントランスポーターと不安傾向の関連は本当？

セロトニンは身体の中で合成され、さまざまな生理機能を調節する働きをもつ物質で、攻撃性や不安行動などに関わることが知られています。そのことから、セロトニンが働く過程に作用する薬剤は、攻撃性や不安などの性格に作用すると期待できます。たとえば、選択的セロトニン再取り込み阻害薬（ＳＳＲＩ）という名称で知られる薬剤は、うつ症状や、極度に高い不安状態を長く示す病気である不安障害の改善に用いられる治療薬です。

セロトニンは刺激を受けると神経末端のシナプスから放出されます（図14）。放出されたセロトニンは後シナプスにある受容体に結合することで、その信号を次の神経細胞に伝達します。しかし、受容体に結合しなかったセロトニン分子は、そのままだとシナプス間隙とよばれる隙間にとどまったままになってしまいます。これでは次のシグナルが来ても新しい信号かどうかわかりません。そのため、受容体に結合されなかったセロトニン分子は、速やかにシナプスの隙間から排除される必要があります。この役割を果たしているのが、セロトニントランスポーターというタンパク質です。このセロトニントランスポーター分子は、シナプスに放出されたセロトニンを再度シナプスの細胞内に取り込む働きをしていて、この働きにより、シナプスの隙間に残ったセロトニン分子はきれいに除去されて、次の刺激が来るのに備えることができます。このとき、取り込ま

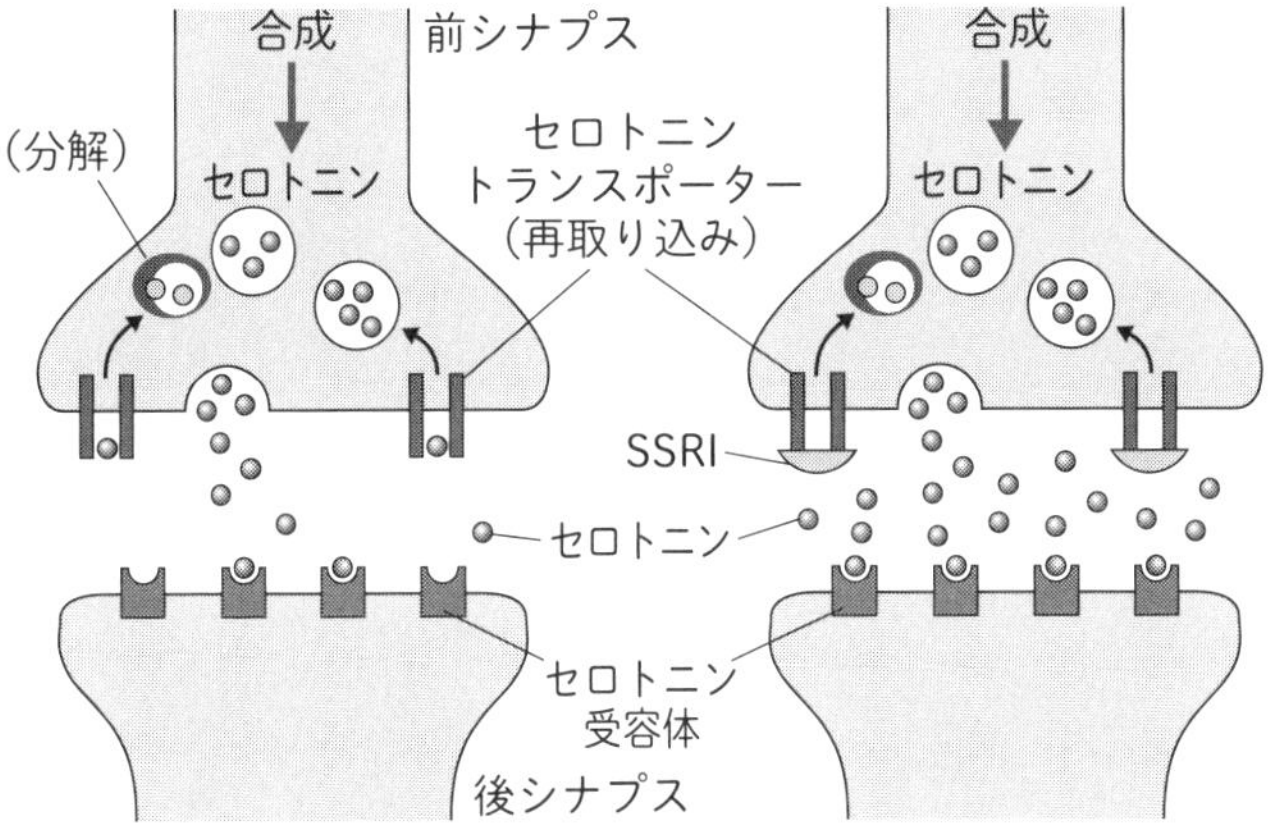

図 14　シナプスにおけるセロトニンの働きと、SSRI によるセロトニントランスポーターの機能阻害の効果

れたセロトニンは細胞内で処理されて、多くは再利用されることになります。

ＳＳＲＩによってセロトニントランスポーターの働きが阻害されると、シナプスの隙間にセロトニン分子が過剰にたまり、常にセロトニン受容体が刺激されるようになるのです。このように、セロトニントランスポーターの働きは性格と密接に関わっていることが予想されていました。

ドイツのビュルツブルグ大学のピーター・レッシュらは、セロトニントランスポーター遺伝子に見られる配列の違いが、神経症の傾向と関連していることを

1996年に報告しました。セロトニントランスポーター遺伝子のプロモーター領域といわれる、発現量を調節する領域には、個人間で長さが異なる配列が存在しています。この長い配列（L配列）と短い配列（S配列）のうち、S配列をもつ人はL配列をもつ人よりも神経症的傾向が高く、そのためうつ病になりやすいというのです。しかし、これについてもその後の数百に及ぶ追試では、関連が見られたというものと見られなかったというものの両方の報告があります。また、マルカス・ムナフォらがそのうちの信頼性の高い20報の論文を注意深く解析した結果、結局関連は見られなかったという報告をしています。

4　モノアミンの分解に関わる遺伝子と攻撃性の関連は本当？

先の二つの例は、ある遺伝子の配列に違いがあると、特定の性格になりやすいという報告でした。しかし、これらはいずれも、それほど大きな効果は結局見られないという結果に落ち着きつつあります。

そうなると、皆さんもいろいろと考えを巡らせると思いつくかもしれません。「いくら遺伝子が重要だといっても、周りの環境やその人の過去の経験で、ずいぶん性格は変わるんじゃないの？」そう思うのではないでしょうか？

イスラエル出身の研究者であるアヴシャローム・カスピらは、ある遺伝子のタイプをもっていても、そこにさらに環境の影響が加わることで性格が変わる可能性に興味をもちました。彼らは、特に反社会的行動や攻撃性に興味をもち、それらに関わる遺伝子として報告されているＭＡＯＡの研究をしました。

ＭＡＯＡの遺伝子は、その遺伝子の発現を制御するプロモーターとよばれる領域に、発現量に影響をもつ30塩基からなるくり返し配列があります。このくり返し回数のタイプにより、活性の高い遺伝子と低い遺伝子に分けることができます。そこで、このＭＡＯＡ遺伝子の活性の違いと子供の過去の経験が、どのように反社会的行動に影響を与えるか調べたのです。思い出してください。先に、オランダの研究で、男性が高い頻度で反社会的行動を起こす大きな家系を調べたところ、反社会的行動を起こす男性は

ＭＡＯＡがまったく働かなくなっていた例があることを紹介しました（98ページ参照）。今度は、そのＭＡＯＡの発現する量に違いがあるケースについて調べたのです。

カスピらは、ニュージーランドのダニーディンという町に住む４４２人の同年齢の男子について、3歳から26歳まで育った環境について追跡調査し、最終的に26歳で反社会的行動の性向について調べました。この集団の情報はとても計画的に集められていて、3歳から11歳までの間にひどい虐待を受けた子供、何らかの虐待を受けたと考えられる子供、それにまったく虐待を受けていない子供というようなグループ分けを可能にしました。彼らは、ＭＡＯＡ遺伝子の型と虐待の有無が、どのように反社会的行動に影響するか調べました。

その結果、虐待を受けた経験をもつ子供は、反社会的な問題を起こす確率が全体的に高くなることがわかりました。また、そのなかでも、活性の低いＭＡＯＡ遺伝子をもつ子供は特に、問題行動や犯罪を起こす危険性が高くなりました。しかし、活性の高いＭＡＯＡ遺伝子をもつ子供は、たとえ虐待を受けても、そのような反社会的行動を起こす危険性は低かったという結果が得られたのです。

この結果は、遺伝子だけで性格が決まるのではなく、それに環境の影響が重なって性格が形成されていくことを示す例として、社会に大きな影響を与えました。しかし、その後ゾー・プリチャードらが行なったさらに大きな集団を用いた同様な研究では、幼少のときの虐待経験がのちの反社会的行動のリスクを上げるが、それはＭＡＯＡ遺伝子の活性のタイプには依存しないことも報告されており、この結果については注意深い追試が必要だといえます。

このように、たとえ国際的に知られた雑誌に論文が発表されたとしても、そして社会的に大きな話題になったとしても、その報告が正しいかどうかは、その後の追試も含めて慎重に見極める必要があるでしょう。

5　性格に関わる遺伝子探しの難しさ

これまで述べてきたように、特定の遺伝子が性格と関連しているという報告がされながら、一方で追試ができないという報告で打ち消される例が多数あります。ゲノム配列が解読されて、これからは疾患に関わる原因遺伝子はもちろんのこと、個性に関わる遺伝子も明らかになるのではないかと期待されました。実際、新聞などのメディアを通して、さまざまな研究成果が報道されてきています。しかし、ありふれた疾患に関わる遺伝子の同定や、個性に関わる遺伝子の発見などに関する研究成果は、発表は行なわれるものの、再現性や一般化はうまく確認できず、やがてその発見に関してトーンダウンしていくことが多く見られます。なぜこのようなことが生じるのでしょうか？

これまでにわかってきたことは、ありふれた疾患の原因となる遺伝子も、個性に関わる遺伝子も、いずれもたくさんの遺伝子、おそらく10個以上の遺伝子、あるいは統合失調症の研究でわかったように１００個以上の遺伝子による影響を受けており、それぞれ

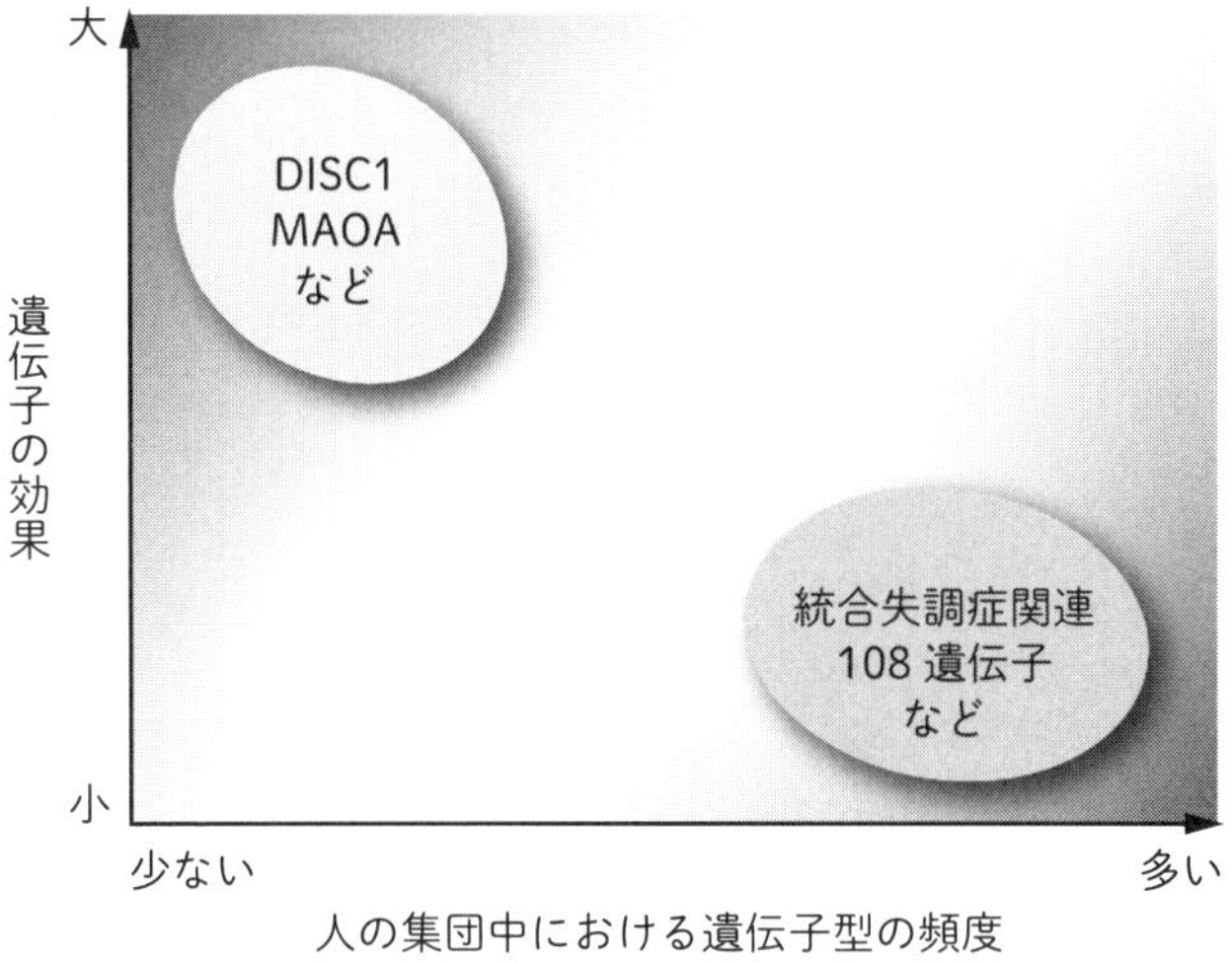

図 15　ありふれた病気や性格に関わる遺伝子の遺伝子効果と集団内頻度

の遺伝子の効果はとても小さいということです。これは、実は驚くことではありません。すでに、多くの遺伝子が関わる形質について、その遺伝子の解析を注意深く行なった研究では、各形質には少なくとも10個程度の遺伝子が関与しており、それぞれの遺伝子の効果は、多くの場合、全体の３パーセント程度しかないことがわかっています（図15）。このように、そもそも遺伝子の効果がとても小さいため、仮にありふれた疾患や個性に関わる遺伝子の効果を調べて検出できていたものが、他の場合にはうまく検出できないということが生じるのです。

実験条件によってばらつきが生じることも予想されます。病気の診断や性格の評価はそもそもばらつきやすく、客観的で再現性の高いレベルで行なうのは難しいものです。病気の診断基準や性格の評価方法などが微妙に異なると、データそのものが変わってきます。同じ条件で実験を行なうのは、特に異なった研究グループ間で実験を行なう場合には、最大限注意していたとしても難しいものなのです。

また、ありふれた病気や性格の違いをもたらす原因が多様であることも考えられています。あるいは複数の原因が重なり合って生じていることも予想されます。見かけは同じような症状を示し、同じ病気と診断されているにもかかわらず、ある患者では神経細胞における信号伝達の効率が全体的に低下しているのに、他の患者では特定の脳領域に異常があるのが原因であることもありうるのです。同様に、性格に関わる脳領域について、異なった領域の機能に違いがあるにもかかわらず、見かけは同じような性格をもたらしている可能性もあります。こういう場合は、複数の原因に紛れて、特定の原因を検出しにくくなります。

このようなことは、遺伝子についてもいえます。先の統合失調症の原因遺伝子の例でも触れたように、ある患者では、１０８個ある遺伝子領域のうち、一部の遺伝子のグループが関与しているのでしょうが、残りの遺伝子は影響していないことが予想されます。しかし、他の患者では、別の遺伝子のグループが関与していることが考えられるのです。遺伝子が多数ある場合には、個々の患者でどの遺伝子が関わっているか、さまざまなケースがありうるのです。

遺伝子については、もうひとつ予想される複雑な効果があります。それは、「遺伝子座間相互作用」とよばれるもので、複数の遺伝子について特定のタイプの遺伝子型が組み合わさるときに大きな効果が見られる場合があるのです。たとえば普通の遺伝子の効果の場合は、ある形質に10個の遺伝子が関与しているとすると、それぞれがもつ効果を足し合わせると全体の遺伝子の効果が予想されます。しかし、遺伝子座間相互作用の場合は、特定の組み合わせの場合に大きな効果が突然見られるので、遺伝子の効果の予測が非常に難しくなるのです。遺伝子座間相互作用は、実際の病気や性格の形成において大きな役割を果たしていると考えられるのですが、それを解析しようとするとコンピューターによる膨大な計算が必要になるため、なかなか簡単には調べられないのです。

このような問題があるため、ありふれた病気や性格に関する遺伝子を明らかにすることは難しいと考えられています。

この章の最後に、このようなアプローチが抱える大きな問題を紹介します。それは、行動に関わるしくみを予想して研究することのリスクです。これまでは、好奇心にはドーパミンが関わっているのではないか、神経症傾向にはセロトニン関連の遺伝子が関与しているのではないか、反社会的行動にはＭＡＯＡが関わっているのではないかなどと、魅力的な仮説をもとに解析されることが多くありました。ありふれた病気の研究でも同様のことがいえます。関連する疾患の臨床的解析や治療薬の作用機序などを考えると、特定の神経伝達物質や経路に関わる遺伝子が原因となっていると予想するのも無理はありません。しかし、有力な仮説であればあるほど、世界中の研究者がくり返し同様の解析をすることになり、偶然でも効果があるように見える危険性が高くなります。そのため、特定の仮説に基づいて解析するのではなく、ゲノム全体を対象にして研究することが求められています。

第7章

個性に関わる遺伝子をマウスで調べる

｜ モデル動物と人を比較する

これまで述べてきたように、人で病気や個性に関連する遺伝子を調べても、追試で確認できない状況が多くあります。このようなときに役に立つのがモデル動物です。モデル動物で疾患や個性に関わる遺伝子を探索し、そこで見つかった遺伝子について詳細な機能を調べます。そうしたうえで、人の疾患や個性との関連を調べるのです。逆に、人の遺伝学的解析で見つかった遺伝子の機能を、モデル動物を用いて詳細に解析するケースもあります。このように、人と動物との比較で遺伝子を同定することにより、より確実な情報を得ることが可能ですし、遺伝子の機能もより詳細に調べることができます。

先に述べたように、統合失調症の患者は、幻覚などで奇異な行動をとったり、感情や思考が鈍くなったり、集中力や記憶力に障害が出るなど、さまざまな症状を示すことが知られています。このように症状が多様だと、医師にとってもその診断は難しいときがあります。そこで、再現性の高い反応検査などで調べられると診断の助けになります。

人では、急に強い聴覚性刺激などを受けると、瞬目《しゅんもく》反射とよばれる、驚いたときに示す反応により目を瞬間的に閉じますが、強い聴覚刺激の０・１秒ほど前に弱い聴覚刺激を先行させると、その強い聴覚刺激により生じるはずの瞬目反射が弱くなります。この現象は、プレパルス・インヒビションともよばれ、身の回りの不必要な刺激から自分の感覚を守るためのフィルターの役割を果たしていると考えられています。統合失調症患者ではこのプレパルス・インヒビションが低下しているのです。

実は、このプレパルス・インヒビションは動物でも見られます。実験動物であるマウスを実験的に音に驚く状況におき、身体が音に対して反射する強さの変化として検出することができます（図16）。理化学研究所の吉川武男らのグループは、マウスのプレパルス・インヒビション低下の原因となる遺伝子を遺伝学的解析により探索し、その結果、脂肪酸結合タンパク質をつくる遺伝子 *Fabp7* を見出しました。

プレパルス・インヒビションの低下を示すマウスでは、生まれてすぐの発達段階で *Fabp7* 遺伝子が発現低下を起こし、成体になるとこの遺伝子の発現が逆に高くなることがわかりました。脳の発達期に *Fabp7* 遺伝子の発現が低下すると、神経細胞の増殖な

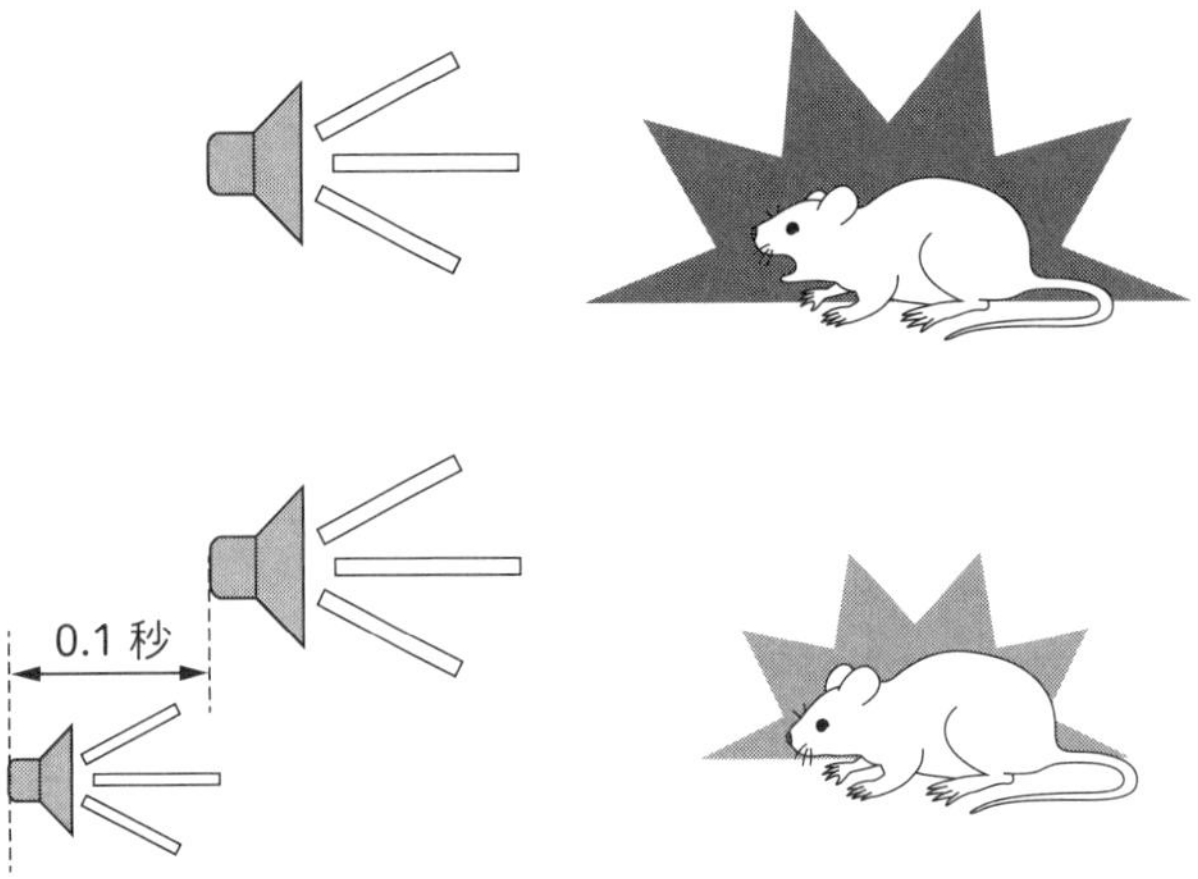

図 16　感覚フィルター反応を調べるプレパルス・インヒビションテスト

どに異常をきたし、その結果、成長後における神経ネットワークに変化が生じるとともに、この遺伝子の発現上昇を示し、同時にプレパルス・インヒビションの低下を起こすと考えられました。さらに吉川らは、人の統合失調症患者の脳においてFabp7遺伝子の発現が増加していることを示しました。このように、モデル動物であるマウスと人の両方で研究を行なうことで、より詳細に遺伝子の同定とその働きの解析ができたのです。

この研究は、マウスなどを代表とする実験動物の有用性も示しています。人を研究対象とすることは、さまざまな現象を詳細に拾い上げるのに適している一方で、実験的に解析することに制約が多く、研究が難しいことも少なくありません。そこで、同じ哺乳類に属し、小型で、生まれてから次の世代が生まれるまでの世代時間が短く、さまざまな遺伝学的手法が整備されているマウスを用いた研究が精力的に進められています。では、マウスを用いた個性に関わる遺伝子探しの試みと、そこでわかってきたことを見ていくことにしましょう。

2　マウスの系統は個人差のモデルになる

個性に関連するような行動を見ていくうえで、その行動に個体間でばらつきが生じることは研究上の大きな問題になります。この個体間でのばらつきを生じさせる要因はいくつかあります。

一番目として、行動というものを扱う以上は、どうしてもその発現が確率的に生じることが問題になります。たとえば、頭を掻く行動を考えてみましょう。皆さんは頭がかゆいと感じると頭を掻くことが多いでしょう。しかし、そのときに他の人に話しかけられて、そちらに注意を払っていたらどうでしょう。頭がかゆいことに気づかないか、あるいは掻くほどにはかゆく感じないかもしれません。一方で、たまたま頭のほうに手をもっていったついでに、たいしてかゆくもないのにいつもの癖で頭を掻いてしまうこともあるでしょう。つまり、頭を掻くという行動にはそれなりの動機があるのですが、その発現はある程度確率に左右されることになります。このように、行動を起こすか起こさないかは、どうしても偶然的な要素の影響を受けることがあるのです。

二番目の要素として、環境の要因が重要になります。先の「頭を掻く」という例でいうと、お風呂に数日間入ることができなければ頭がかゆくなるでしょうし、毎日清潔にしていればそれほどかゆく感じないでしょう。人は環境的要因を厳密にコントロールすることはほぼ不可能です。たとえば社会のなかで生きていれば、他人と楽しいときを過ごすこともあれば、苦しい思いをすることもあります。また、場合によっては、交通事故などで怖い思いをすることもあるでしょう。このような経験が、その人の個性に大きな影響を及ぼすことは容易に想像できます。

しかし、実験動物、特にマウスなどを用いる場合は、このような経験の違いを引き起こさないように、ある程度環境的要因をコントロールすることが可能です。マウスにおいて、環境的要因を統制して実験することで、環境の違いから生じる行動のばらつきを抑えることができます。

三番目の要素として、遺伝的な要因があります。個体ごとに遺伝的に異なる動物を対象にして行動を調べると、得られるデータにばらつきが出やすくなります。そうすると、得られた結果を再現することは難しいでしょう。そこで、遺伝的な性質が同じマウスがつくられているのです。それが近交系です。

人もそうですが、それぞれのマウス個体がもつ遺伝子は、母親から受け継いだ遺伝子と父親から受け継いだ遺伝子のペアで成り立っています。十分に多様性をもっている大きな集団であれば、この両親に由来する二つの遺伝子はＤＮＡ配列の違いにより、少しずつその働きや効率が違うと考えられています。この違いは、ゲノム上のおおよそ2万個におよぶ遺伝子すべてに見られるので、この違いにより、集団の多様性がつくられると考えられているのです。

しかし、個体間で遺伝的な違いが大きい場合には、個体間のばらつきがありすぎて、研究に適さないことが多いのは予想できるでしょう。そこで、母親から来た遺伝子と父親から来た遺伝子を、ほぼ2万個の遺伝子すべてにおいてまったく同じものにした近交系《きんこうけい》がつくられたのです。近交系は、ひとつのペアの親マウスから得られた子供の兄妹同士を交配し、得られた子供の兄妹をまた交配するということを20世代以上くり返して作製したものです。いわゆる近親交配が進んだものです。人の場合には有害な遺伝子を保有している確率が高いといわれており、近親交配が進むと生殖異常などを含めてさまざまな問題が生じて、世代が先に進まなくなると考えられています。マウスでも、兄妹交配をくり返すとやはり繁殖ができなくなることがよくあります。それでもいろいろと交配を試すことにより、うまく近交化できるケースも多くあるのです。このように、兄妹交配をくり返すと、20世代目にはゲノム上の遺伝子の約99パーセントについて、父親と母親から受け継いだ遺伝子に違いがなくなる（遺伝学用語でホモ化するという）と予想されます。したがって、同じ近交系のなかの個体では遺伝的な違いがほとんどなくなるのです。

遺伝的な違いがなくなると、実験時に遺伝子が異なるために生じる個体のばらつきを考える必要がなくなります。そのため、複数の個体を解析するということは、同じ遺伝子型の個体をくり返し解析するのと同じ意味をもち、先に述べた行動の偶然的な発現についても、平均化して評価できるという点で大きなメリットがあるのです。つまり、統計的にも十分な数の個体を解析すれば、同じ遺伝子型をもつ個体が示す行動をより正確に評価できるのです。

この近交系にはもうひとつ大きなメリットがあります。それは、遺伝的に異なった系統を比較することが、個人差を比較するのと同様な意味をもつということです。これまでに４５０系統以上におよぶマウス近交系が樹立されてきました。これらはそれぞれ遺伝的に異なるため、遺伝子型の違いをもつ個人個人の差、つまり個人差を調べるための有用な材料になると考えられています。この近交系で見られるマウスの特徴を他の近交系で見られたものと比較することで、遺伝的な違いにより生じる「個性」の違いを見ることができるのです。

3　マウスを用いて個性を調べる

人で行動や性格を調べるのは、それぞれの人がいろいろな状況で違うことを考えるため、かなり難しいものです。しかし、マウスの場合は環境の影響をできるだけ小さくして、同じ手順で実験が可能なので、環境的要因の統制は人と比べて簡単にできます。

行動や性格の特徴を把握することは難しいものです。マウスを材料とした研究では、こうした行動の特徴を調べるために、たくさんの行動テストが開発されています。たとえば、自発的にどの程度活動しているかを調べるテスト、どの程度不安に近い行動をしているか調べるテスト、個体同士の親和的な行動や、逆に攻撃的な行動を調べるテスト、学習能力がどの程度あるか調べるテストなどです。それぞれの目的について、たくさんの行動テストが開発されているので、そのレパートリーは膨大になります。そうしたさまざまな行動テストを使って、これまでに近交系の行動が調べられてきました。

こうした結果は、論文にまとめて発表されたり、公共のデータベースに登録されたりしています。私たちも国際的なMouse Phenome Databaseという公共データベースに、過去に行なった行動解析の結果の一部を登録しています。では、その行動データを見てみましょう。

マウスは食物連鎖の下層に位置するため、常に捕食者に追われたり捕食されたりする脅威にさらされています。そのため彼らは、進化の過程で、暗くなってから活動する夜行性の動物になり、他の動物に見つかることを極端に恐れます。したがってマウスは、飼育下においてさえも明るい場所を嫌い、暗い場所で活動する特徴があります。

そのようなマウスを、彼らが生まれてから一度も経験したことのない、明るくて開けており周囲が壁で囲まれた広場に出すと、どのような反応を示すでしょうか？　不安な行動を示す個体は移動活動が抑制され、特に広場の中央など開けたところに出るのを嫌がります。図17は、そのような広場（オープンフィールド）のなかでのマウスの移動活動量を示しています。それぞれの系統で10個体を調べた平均値と、そのデータのばらつきを示しています。このように、移動活動量には系統ごとに大きな違いがあることがわかります。たとえばKJRやC57BL／6Jといった系統は、調べたすべての系統

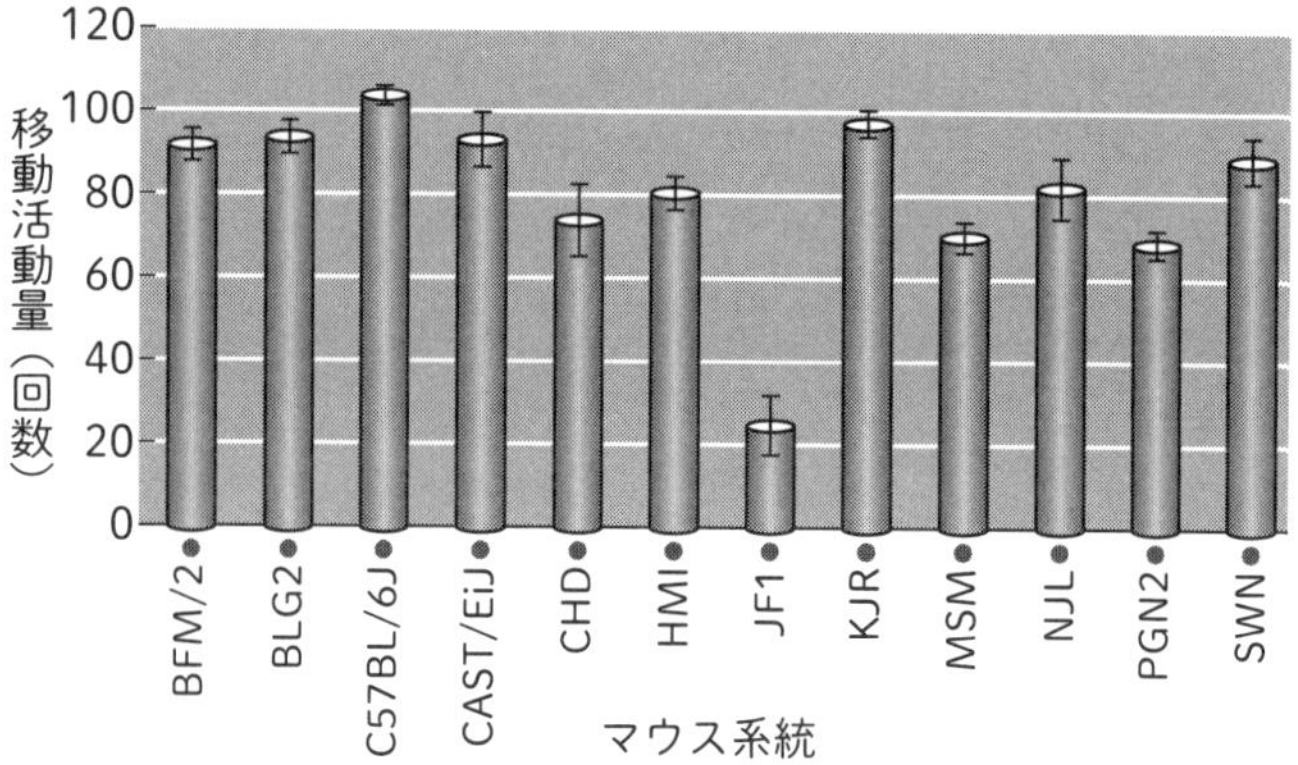

図 17　雄のマウスにおける不安様行動の系統差

のなかでも特に多く活動していますが、逆にＭＳＭやＪＦ１という系統は移動活動量が低いことがわかります。

これは、調べた行動項目のごく一例を示したものですが、これと同様の大きな系統間の違いは、調べた多くの行動項目で見られます。このように、行動の系統比較の結果から、マウス近交系間には顕著な行動の違いが見られ、それらは個人差のいいモデルになると考えられているのです。

4　マウスの行動に関わる遺伝子を探す

これまでの研究で、さまざまなマウスの系統を比較することにより、マウスの示す不安様行動の程度には明らかに系統間で違いがあることがわかりました。私たちは、このような行動比較により、実験用系統として世界中で広く使われているＣ57ＢＬ／6と比較して、日本産野生マウス由来系統のＭＳＭは高い不安様行動を示すことを明らかにしました。

このことは、皆さんも容易に想像できるのではないかと思います。実験用のマウス系統は、１００年ほど前に、当時愛玩用に飼育されていたマウスの集団からつくられました。一方で野生系統は、数十年ほど前に捕獲された野生マウスからつくられ、その繁殖の過程で愛玩化するようなことはされていません。そのため野生系統は、いまだにマウス本来の特徴を色濃くもっており、より高い不安様行動を示すのです。たとえば彼らは、明るいところを避けて、身を隠せない場所へと出ることを嫌がります。こうした顕著な違いから、野生系統と実験用系統は、不安の違いを調べるための有用な材料になると考えられており、さらには不安傾向の高い人とそうでない人の個性の違いに関わる遺伝子を探すための、モデル的な実験材料になると期待されます。この行動テストを行なう際には、できるだけ環境的要因を同じにして実験するので、その違いはおもに遺伝的な要因の違いによって生じていると考えられます。

では、その遺伝子はいったいいくつぐらいあって、それはどこにあるのでしょうか？その原因となる遺伝因子を探す作業は簡単ではありません。特に、個人差のような多様性に関わる形質は、多数の遺伝子が関与する多因子遺伝現象と考えられており、そのような多因子を効率よく確実に解析する手法がこれまではほとんどなかったためです。そこで私たちは、コンソミック系統を使って調べてみることにしました。

コンソミック系統について説明するために、染色体について少し説明しましょう。すでに染色体がどういうものかについては、4章でJRの鉄道網の路線に例えて説明しました。それを少し思い出してください。ひとつの体細胞の中には、父親から受け継いだ染色体と母親から受け継いだ染色体が同数ずつペア（対）になって存在しています。ちょうど、上り線と下り線の二つがペアになって路線が成り立っているようなものです。二つの染色体がそろうことで、細胞内でしっかりとお互いの働きをカバーしながら、遺伝子としての機能を保つことができるのです。どちらが欠けても上り列車と下り列車はたいへん混乱することになってしまいます。私たち人やマウスのような哺乳類では、性を決めるための性染色体が必要で、女性（雌）はX染色体をペアでもち、男性（雄）の場合はXとYの組み合わせをもつことで、その個体は性分化が可能になります。性染色体以外に、常染色体とよばれるものを人は22対、マウスは19対もっています。したがって、ゲノム上のほとんどの遺伝子は常染色体の上にあることになります。

マウスは1対の性染色体と19対の常染色体をもちます。調べている行動や性格に関わる遺伝子が、これらの染色体のどこに存在するかわかると、さらなる解析がしやすくなります。何しろゲノム全体で2万個ほどある遺伝子を、20分の1の約１０００個まで一気に絞り込むことができるのですから。その染色体への絞り込みに有用なマウスが、コンソミック系統とよばれるもので、ある近交系のひとつの染色体を、別の近交系の対応する染色体と置き換えたものです（図18）。

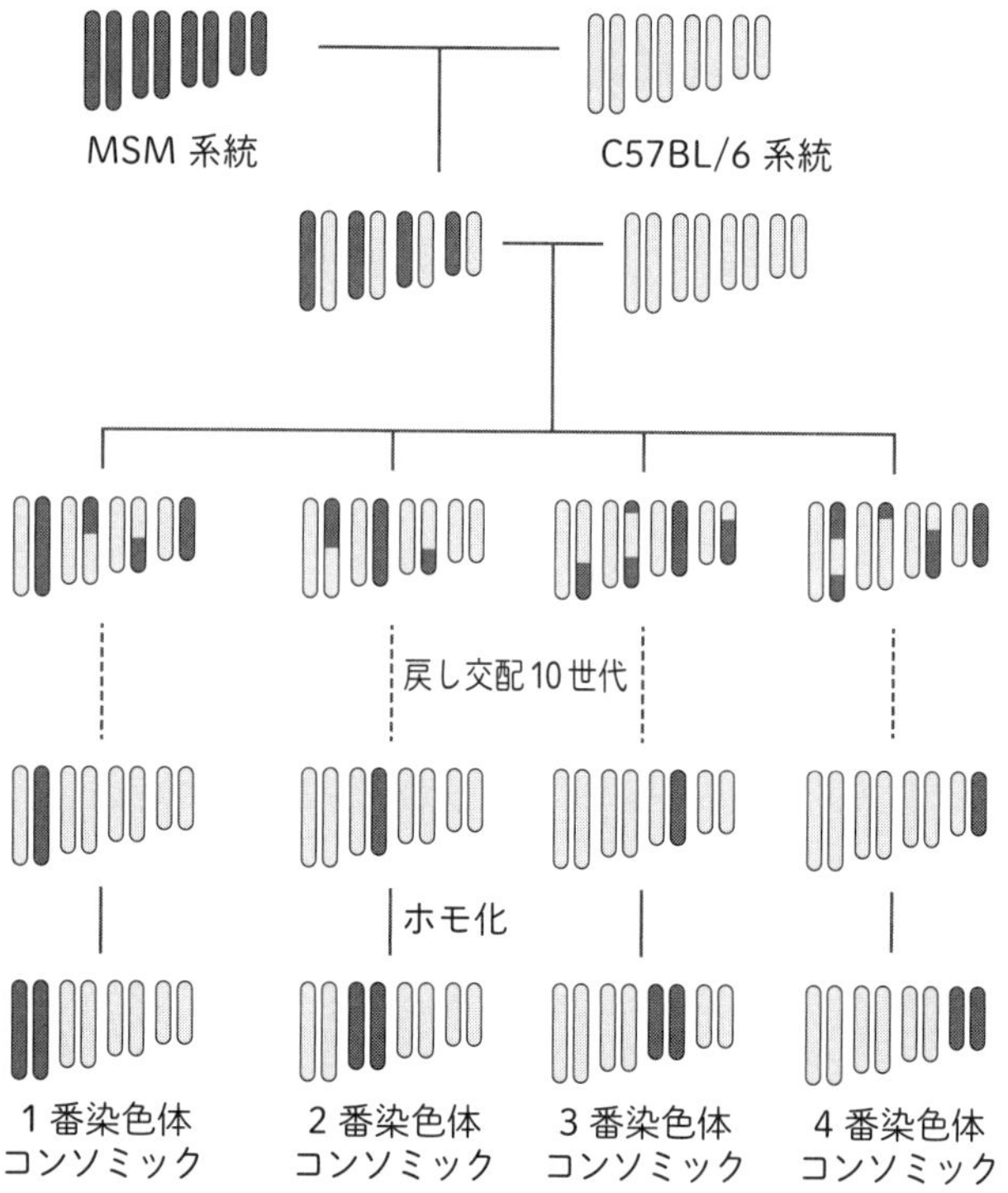

図 18　MSM と C57BL/6 系統からつくり出したコンソミック系統
（城石俊彦博士と米川博通博士らが樹立した）

私たちのグループは、ＭＳＭ系統の染色体をそれぞれＣ57ＢＬ／6系統の対応する染色体と置き換えた系統を使いました。つまり、ほとんどの染色体がＣ57ＢＬ／6系統由来ですが、ただ1対の染色体だけはＭＳＭ系統に由来する系統です。この1対のＭＳＭに由来する染色体について、1番染色体から19番染色体、さらに性染色体を置き換えたものまでつくり出されているのです。このようなコンソミック系統が示す形質を解析して、親系統であるＣ57ＢＬ／6系統との間に違いが見出された際には、その違いに関わる原因遺伝子は、そのコンソミック系統において置き換えられた染色体上に存在していることがわかります。

私たちは、先に紹介したオープンフィールドという装置内でのマウスの移動活動量にどの染色体が関わっているか明らかにするために、一連のコンソミック系統を用いて解析を行ないました。図19はコンソミック系統とそれを作製した際の親系統であるＣ57ＢＬ／6およびＭＳＭについて、オープンフィールド移動活動量を調べた結果を示しています。このグラフから、多くの染色体が移動活動に関与していることがわかってきました。染色体のなかには、移動活動量を上げる（不安を下げる）ものもあり

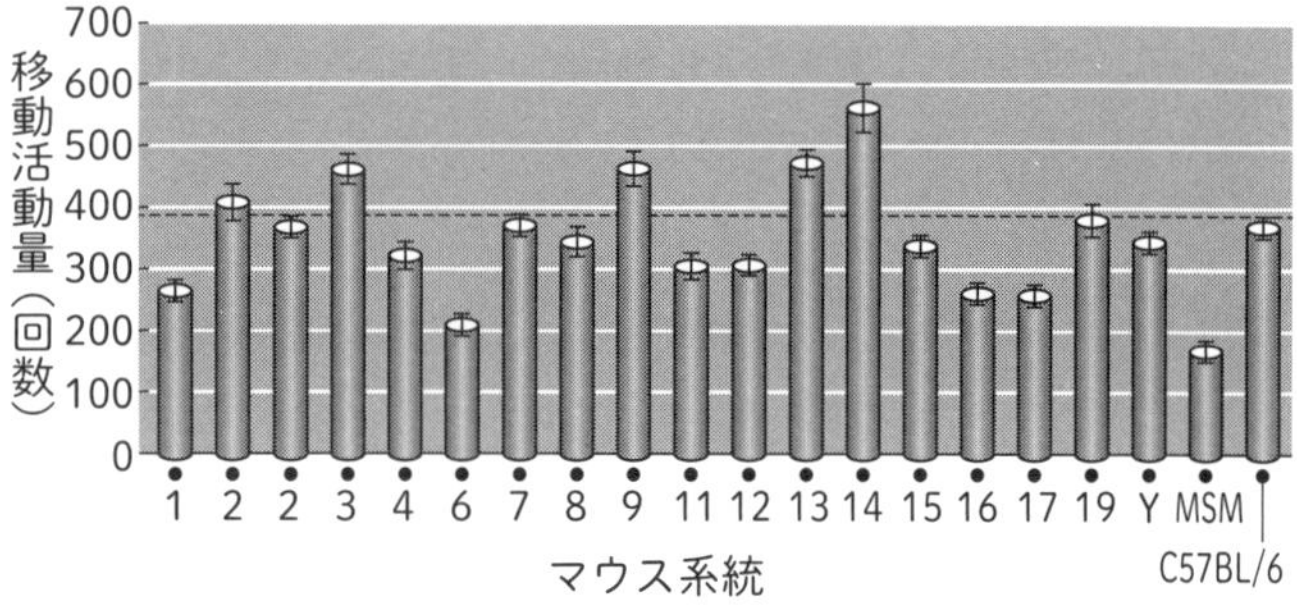

図 19　コンソミック系統を用いたオープンフィールドにおける移動活動量に関わる染色体の解析（Takahashi *et al*. 2008 より改変）。マウス系統の番号はコンソミック系統のもつ MSM 由来の染色体を示す。点線は C57BL/6 系統の値を示しており、これより有意に高いあるいは低い値を示す系統がもつ MSM 由来の染色体上に、移動活動量に関わる遺伝子が存在することになる

ますが、多くの染色体は移動活動量を下げる（不安を上げる）効果をもつことが明らかとなりました。この結果は、オープンフィールドという、不安を引き起こす環境におかれた際にマウスが示す移動活動量に、多くの染色体が関わっていることを明確に示しています。

また、たいへん興味深い現象も見られました。親系統であるMSMは、C57BL／6と比べてかなり低い移動活動量を示すのですが、そのMSMの染色体を1対だけC57BL／6系統に入れることで、C57BL／6よりも高い移動活動量を示す効果

をもつ染色体が複数存在したのです。このことは、今回取り上げたオープンフィールドにおける移動活動量のような特定の行動についても、人のありふれた疾患と同様に、複数の染色体が複雑な効果をもって関与していることを明確に示しているのです。

現在、こうして明らかになった染色体から、さらに絞り込んで、関連する遺伝子を明らかにできるようになってきました。今後、個性を形成するうえで弱い効果をもった遺伝子についても、こうしたモデル動物を用いた研究で遺伝子を明らかにしたり、その働きを解明したりすることが可能になってくると期待されます。

第8章

個性研究の最前線

ゲノムで未来を予想する？

最近、ゲノムという言葉が、あたかも個人の未来が何でもわかる魔法の杖のように使われることが多くあります。たとえば、ゲノムがわかると、どんな学校に進み、いつ病気になり、何歳まで生きることができるかなどが、簡単にわかるようになるといわれたりします。ゲノムがわかれば、将来自分に起きることがわかるというのです。本当にそんな世の中が来るのでしょうか？

宇宙に向けて美しい噴煙をあげて打ち上げられるロケットを見上げる青年の眼には、希望と冷徹な覚悟があるように見うけられます。彼は1週間後に土星14番目の衛星タイタンへ飛び立つことになっているのです。

彼は受精卵の段階で選ばれずに、両親から自然な方法で「愛の結晶」として生まれました。でも生まれてすぐに遺伝子診断がなされて、数秒後には将来の推定寿命と死因がわかったのです。神経疾患の発症率が60パーセント、躁うつ病42パーセント、注意力欠如89パーセント、心臓疾患に至っては99パーセントで、推定寿命は30・2歳といった具合です。彼はヴィンセントという名前を授けられますが、目は近視で、心臓が悪く運動能力も低いというように、さまざまな問題を抱えています。

両親は二人目の子供をその時代の「普通の方法」、つまり人工的な生殖でつくることを決断します。受精卵を選び、希望のタイプの子供を得ることにしたのです。薄茶色の目と黒髪と白い肌、若はげと近眼は排除し、アルコールなどの依存症や暴力性、肥満のリスクもなくします。１０００人に一人の傑作と医師がいう弟が生まれることになるのです。その弟は期待とともに父の名を受け継ぎ、アントンという名を授けられます。

アントンよりもすべてにおいて劣るヴィンセントは常に敗北感を味わうことになりますが、努力をして宇宙飛行士になる夢をもちます。トイレを磨くような掃除の仕事をしながら、下層の人間として生きていきますが、宇宙飛行士になる夢はあきらめきれません。何事にもすぐに遺伝子診断で能力を決められる世の中で、宇宙飛行士選考の候補にさえもなれないヴィンセントは、絶え間ない努力と「あること」で運命を変えようとします。

映画を通じて感じる、この時代の人々の幸福感の欠如は象徴的です。これはアンドリュー・ニコル監督が製作した『Gattaca（ガタカ）』という映画の世界です。ゲノム遺伝学に関わる人たちには有名なこの映画は、近未来を予想したものです。微量の血液から数秒で全ゲノムの配列を調べて、クラウドにある情報との比較を瞬時に行なうことが可能なスマホぐらいの大きさの装置は、いまのゲノム研究者にとってぜひ手にしたいあこがれのものに違いありません。

このガタカの世界の一端を感じさせる出来事がありました。2013年、米国の有名な女優のアンジェリーナ・ジョリーが、将来発症するかもしれない乳がんの予防のために乳房切除の手術をしたというのです。この報道はとても大きな衝撃を世の中に与えました。彼女の母親と祖母もまた乳がんのために亡くなっているのですが、遺伝子検査をしたところ、乳がんの発症に強く関わるBRCA1という遺伝子に変異があることがわかり、それにより乳がん発症リスクが87パーセントあると医師から知らされたのです。彼女はその事実を知り、現在の健康な乳房を維持するよりも、将来起こる可能性が高い乳がんを避けるために、健康な乳房を切除して再建手術を受けたというのです。

これは、ゲノムの情報が人の将来を左右して、その人生を変えるためにも利用されうることを広く世間に示した出来事で、ゲノムの情報がもつインパクトの大きさを痛感することになりました。ちなみに、ジョリーは、２０１５年3月に、卵巣に小さな腫瘍が見つかったことから、がん発症の予防のために、卵巣と卵管の両方も切除しています。このように、彼女が遺伝子検査の情報をもとにしてとった行動は、「将来がんが発症して、その治療に苦しむ自分」と、「がんは発症しないけれども乳房や卵巣をなくした自分」という選択肢から、後者の自分を選んだということもできます。

また、２０１３年には、「デザイナーベビー」という言葉が話題になりました。卵子および精子の提供者の遺伝子検査により得られた情報から、望み通りの子供が生まれる確率を予測する方法が、遺伝子検査会社（23アンド・ミー社）から特許申請され、米国特許商標庁に認められたというのです。これは、受精卵を選抜することにより、望み通りの子供を得ようとするデザイナーベビーにつながるとして、大きな話題になりました。

このような方法は実用化可能なのでしょうか？　ゲノムの情報から、特定の遺伝子の異常により生じる疾患に将来かかるかどうかがわかることはあります。ＢＲＣＡ１の異常による乳がんの発症もそのひとつです。この遺伝子ひとつの異常で、将来乳がんになるリスクは87パーセントになります。一方で、先に述べたように、個性や身近な多くの性質、さらにありふれた疾患などは、とてもたくさんの遺伝子の影響を受けています。たくさんの遺伝子の組み合わせにより個性が決まるとすると、望み通りの子供を得るためには膨大な数の受精卵が必要になり、デザイナーベビーは現実的ではありません。

このような期待と現実のギャップはどのように生じているのでしょうか？　そして、ゲノム情報と人類との関係はどこへ向かっていくのがよいのでしょうか？　ヒトゲノムプロジェクトの歴史を見ながら考えてみましょう。

2　全ゲノム解読という、遥かなる旅

１９５０年頃に、若い二人の研究者がイギリスのケンブリッジ大学で出会いました。ジェームズ・ワトソンとフランシス・クリックの二人です。この二人は興味深い研究

テーマを探しつづけていましたが、やがて、細胞の中にある物質であるDNAの構造に興味をもったのです。この二人は、DNAの構造解析に関する当時の熾烈な競争のなか、ついに生命の生み出す物質のなかでも特に美しい二重らせんの構造を明らかにして、1953年に論文を発表しました。この二重らせんの発見によりワトソンとクリックは後にノーベル生理学・医学賞を受賞します。その後、フレデリック・サンガーが、DNA配列を解読する画期的なジデオキシ法を開発します。彼はこの業績で、自身2度目となるノーベル化学賞を受賞したのです。

これらの研究が生命科学、とりわけ遺伝学にもたらした影響は、はかりしれないものがあります。こうした研究に基づき、コドンが解明され、また遺伝子はメッセンジャーRNAをつくり、それがタンパク質をつくるという「生命科学の中心的な原理」が明らかになると、遺伝子の配列を明らかにすることが、さまざまな病気や異常の原因を知るうえで重要であると認識されるようになってきたのです。3章で述べたように、さまざまな疾患や異常の原因となる遺伝子とその変異が個別に解明されてくると、そうした異常配列の解明が生命現象の理解において大きな意味をもつことがわかってきました。

そのようななかで、いっそゲノムすべての配列がわかり、ゲノムの暗号がすべて判読されれば、生命の理解は格段に進むと思われるようになりました。こうして、人のゲノムをすべて解読するという、とてつもなく大きなプロジェクトが始まったのです。

ヒトゲノムプロジェクトが開始された１９９０年当時は、まるで東京から名古屋までの建設が予定されているリニア中央新幹線の路線にあるトンネルを旧式の技術で掘り進むのに等しいほど、無謀で非現実的なプロジェクトのように思われていました。なにしろ、当時は研究者が手作業で塩基配列を調べていたのです。

当時、一般的に行なわれていたジデオキシ法では、G、A、T、Cという4つの塩基のDNA上の位置を知るためには、４種類の別々のDNA合成反応処理を行なう必要がありました。たとえば、Gの反応なら、調べたいDNAの配列のなかで、Gのあるところすべてで合成が確率的に停止するような反応を行なって調べる必要があったのです。たとえば“GAAACTTCGGTAC”という調べたい配列があったとします（図20）。左側が1番目の塩基とすると、Gは1番目と9番目、10番目にあります。たくさんのDNAの合成が左側から進み、Gがある部分で、その一部の合成が止まります。その結

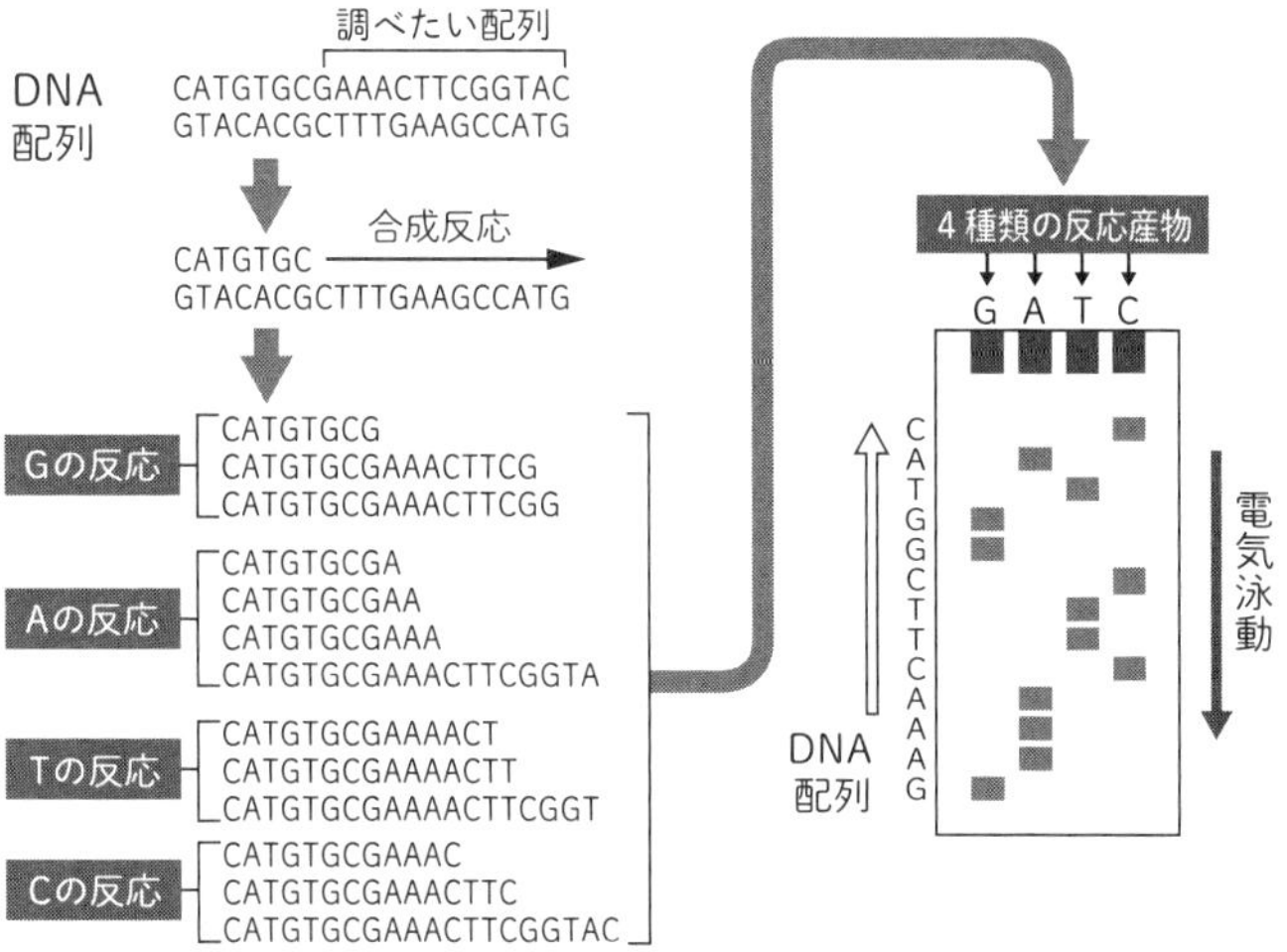

図20　DNA配列を調べるジデオキシ法の流れ

果、１番目まで合成されたＤＮＡと９番目まで合成されたＤＮＡ、そして10番目まで合成されたＤＮＡができるのです。同様に、Ａは２、３、４、12番目、Ｔは６、７、11番目、Ｃは５、８、13番目で、合成が停止した反応産物が得られます。この塩基の位置を知るためには、２枚のガラスにサンドイッチされた薄いシート状のポリマーの中で、上から下に電気泳動という方法で、ＤＮＡの糸の長さに応じて分離させて塩基の位置を調べるのです。

これらの解析は、ほとんど手作業で行なっていたので、長いＤＮＡの配列を調べようとすると、それなりに労力もかかるのです。自分で行なった経験がなければイメージしにくいと思いますが、とても面倒な実験を行なってＤＮＡ配列を調べていたのです。１回の電気泳動で読める塩基配列の長さは５００塩基にも満たない程度で、それが一度に10種類のＤＮＡに対してできればいいほうだったのですから。

この方法で全ゲノムのＤＮＡの長さ（30億塩基対）を読もうとすると、無駄なく読んだとしても60万回読まないといけなくなります。無駄なく読むことは不可能なので、実際にはその何倍もの塩基を読まないと、全体を隙間なくつなぐのは難しいのです。当時の生命科学に関わっていた研究者にとって、こうした実験は面白くない単なる単純作業のように思われていた作業です。ところが、ヒトゲノムプロジェクトは、ゲノム配列の解読を完了させることを目的としているのです。それはまるで、古くからある方法で、とてつもなく長いトンネルの工事を完了させるのと同様のことに思えました。

そういう意味で、基礎研究として多額の予算を投資するのはいかがなものかという議論が、研究関係者の間でも盛んに行なわれました。それでも、世界各国でヒトゲノムプロジェクトは推進されました。特に米国においては、国家プロジェクトとして多額の予算が投入され、ゲノム解読が着々と進んでいきました。その成果は、単に解読によりゲノム配列情報が充実していくだけにとどまらず、解読のための技術開発にも及びました。とてつもなく長いトンネルを掘っていく過程で、古い技術だけでは不十分になり、もっと効率がよく、正確で、さらに早く掘る技術が欲しくなります。ヒトゲノムプロジェクトでも、新たな技術を開発しながらゲノム配列の解読が進み、10年後の２０００年に暫定的な全ゲノム配列公開の発表を行ない、２００３年には、開始から13年の年月と、およそ27億ドルの予算をかけて、解読完了の発表に至りました。ここまでの成果は、20世紀の遺伝学のまさしく集大成ともいえる輝かしいものでした。

しかし、ゲノムの塩基配列が読めたことと、その意味がわかることとは違います。配列を調べていくと、遺伝子がどこにあり、どのような構造をしているか、さらに、いったいいくつぐらいの遺伝子があるのかなど多くのことがわかります。そのコドン情報から、タンパク質の配列とどのように対応しているのかもわかります。しかし、そのゲノムの遺伝子情報が、どのように生命の機能をつかさどっているのかはなかなかわかりません。その機能をつかさどるしくみについては、ゲノムの配列情報の違いがどのような働きの違いをもたらすかを理解することが重要ですが、まったく未知のままなのです。個人間での遺伝子配列の違いがどのような意味をもっているのか、いろいろな形質の個人差や病気のリスクの違いはどのように遺伝子と関わっているのか、実はそれこそが、とても難しくて重要な問題なのです。

3 10万円でゲノムがわかる

ゲノムの情報が明らかになると、個人の情報がすべて明らかになります。そうすると、先に述べたような、個人の能力や病気のリスク、さらには治療の方法までわかるようになるという期待感がありました。そのためにゲノムの解読が進められてきたといっても過言ではありません。したがって、ヒトゲノムプロジェクトの最初は、人のゲノムを明らかにすることを目指して研究が進められたものの、ひとたび一人分の配列が明らかになったあとは、個人の配列の違いを明らかにすることに主眼が置かれるようになったのです。

そのような流れは、パーソナルゲノミクス（個人のゲノム遺伝学）という言葉で表現され、グーグルなども参入するほどの大きな市場になりつつあるのです。このパーソナルゲノミクスを可能にするのが、「1000ドルゲノム」といわれる、人ひとりのゲノム解読にかかるコストの低下です。ケヴィン・デイヴィーズは、『1000ドルゲノム』という著書のなかで、この最先端のゲノム解読技術と、それにまつわる社会の動きを紹介しています。また、フランシス・コリンズの『遺伝子医療革命』にも詳しいいきさつが述べられています。この1000ドルゲノムという言葉は、たいへん大きなインパクトをもって世界中の研究者に受け止められました。なにしろ、人ひとりのゲノムを解読するのに、1990年のプロジェクト開始から2003年のプロジェクト終了までに27億ドルを使ったのです。それに対して、今後はたったの1000ドルで人ひとりのゲノムを読もうというのですから。

これまでに、ゲノム配列解読の技術の開発と低コスト化は目覚ましい勢いで進みました。ジョナサン・ロスバーグのバイオ会社（454ライフサイエンシズ社）は、まったく新しい技術を開発し、それを用いて新たな大量ＤＮＡ塩基配列解読装置（次世代シークエンサーとよばれる）をつくりました。この次世代シークエンサーを用いてジェームズ・ワトソン個人のゲノムが解読されたことが、２００７年に発表されました。この際にかかった時間と費用は、わずか13週間、１００万ドルに下がりました。その後も技術開発は目覚ましく、新たな低コストの解読技術が競って開発され、研究者や著名人、さらに病気を抱える患者など、多くの人の個人ゲノムが解読されてきました。現在は、個人ゲノムの解読にかかるコストも、目標の１０００ドルに迫りつつあります。

このような時代において、私たちは自分のゲノムの配列情報を手に入れることが現実的になってきました。しかし、究極の個人情報ともいえるゲノム配列を知ることは何を意味しているのでしょうか？　１０００ドルゲノムが可能となり、個人ゲノムの情報が容易に得られる時代を迎えようとしているいま、そこから私たちは何を得られるのか、あらかじめよく考えて準備しておくことが重要でしょう。次に、その情報を使うための取り組みについて見ていきましょう。

4　国家を巻き込む壮大なプロジェクトの敗北

アイスランドという国がどこにあるかご存じでしょうか？　この国は、日本の北海道と四国を合わせたほどの比較的小さな島国で、ノルウェーとグリーンランドの間の北大西洋上にあります。地理的には世界の主要な舞台とは離れたところに位置しているため、これまであまり注目を集めることはありませんでした。しかし、この国がゲノムというキーワードで世界の注目を浴びることになりました。アイスランド出身のカリ・ステファンソンは、米国のハーバードメディカルスクールで研究をしていましたが、１９９６年にアイスランドに戻り、デコード・ジェネティクス社を設立しました。この会社は、ヒトゲノムの解読が進んでいる状況を背景として、ゲノム情報と医療情報をもとに疾患に関する遺伝子を洗い出し、治療薬の開発を目指したのです。

「なぜそんなゲノム研究を北極圏に近いアイスランドで？」と思われるかもしれません。人の疾患に関するゲノム遺伝学では、集団が多様でありすぎると、疾患に関する原因も多様になり、個々の原因が見つかりにくい問題が生じてしまいます。たとえば、小学生からシニア世代まで一緒にした混成のチームでサッカーの試合をすることを考えてみましょう。試合をしてみて中学生のチームに0-8という大差で負けてしまいました。このチームの監督は、たしかにチーム全体がうまく機能していないことはわかるけれども、では誰を指導すればチームが強くなるか悩むでしょう。世代ごとにサッカーの技術はもちろん、運動能力もさまざまなので、個々の問題が見えにくくなってしまうのです。しかし、同一世代で構成されたチームだと、より問題が明確になります。たとえば監督は、相手がボールを持ったときにプレス（プレッシャーをかけてボールを奪うこと）の遅かった数名に、「もっと早くプレスをかけるように」と指示して、チームの状態を改善することができます。このように、より似通ったメンバーから構成される集団では、チームの問題点がより明確になることがあるのです。

アイスランドは、約1100年以上前にバイキングが移り住み、国家がつくられました。この島は大陸から離れて気候も厳しい場所にあることから、外部からの人の流入が比較的少なく、30万人程度の国民の95パーセントは生粋のアイスランド人だといわれています。したがって、国民がかかるさまざまな疾患は、他の国よりも比較的限られた原因に起因すると予想されます。

もうひとつゲノム遺伝学にとって好都合だったのは、アイスランド国民が詳細な家系図をつくることを重視する文化をもっていることです。したがって、少なからぬ人々が、過去の家系を１０００年にわたって詳細にたどることができるのです。家系図があると、遺伝解析の際に家系情報を盛り込むことで、より検出力を高くすることも可能です。また、医療が充実しているため、各国民の医療履歴の情報も残されていました。

そうした情報はまさしく、ゲノム研究の成果を医学に結びつけるために重要なものです。そのような優良な情報に着目し、アイスランドという国の医療情報にアクセスする権利を手に入れるとともに、国民14万人のゲノム情報を得ることで疾患の原因遺伝子を同定し、その治療薬の開発に結びつけようとしたのです。このプロジェクトで、デコード・ジェネティクス社は多くの疾患関連遺伝子を同定しました。また、その情報をもとに、診断法や治療薬の開発を進めました。

しかし、その開発にはあまりにもコストがかかりすぎました。また、アイスランドという比較的閉ざされた小さな集団のみを対象としたために、そこで見つかった疾患関連遺伝子が特殊すぎる傾向もありました。つまり、得られた結果を、世界レベルで疾患の原因究明や治療に役立てるのは、難しいことが多かったのです。先ほどと同じようにサッカーチームで例えるなら、中学生だけで構成されたチームで見つかった、チームを強くする方法が、大人のサッカーチームにはあまり役立たなかったようなものです。ゲノム研究に有利な閉ざされた集団を使ったことが、かえってデメリットにもなったのです。

やがて、デコード・ジェネティクス社は大きな負債を抱え、それに追い打ちをかけるようにして、米国のサブプライムローン問題に端を発した世界的な金融危機が起こりました。これにより、デコード・ジェネティクス社は事実上破たんすることになりました。その後この会社は、他社からの出資を受けて存続し、後で述べるdeCODEmeという個人用遺伝子検査サービスなどを行なっています。

5　遺伝子検査は信用できる？

最近、外国のいくつかの会社が、個人の遺伝子型から疾患の発症リスクや性格を診断するサービスを行なっています。テレビで取り上げられたこともあるので、ご存じの方も多いかもしれません。有名なところでは、23アンド・ミー社、ナビジェニック社、それにデコード・ジェネティクス社などです。特に、23アンド・ミー社は、ＣＥＯであるアン・ウォジツキがグーグルの創業者のひとりであるセルゲイ・ブリン氏の配偶者ということもあり、圧倒的な宣伝力で話題を呼びました。また、日本においても、いくつかの会社がサービスを始め、遺伝子検査をインターネットから申し込むことができるようになってきています。

これらの解析では、先に紹介した１０００ドルゲノムの方法で、すべてのゲノム配列を解読するわけではありません。そのかわり、ゲノム上のＤＮＡ塩基配列で、一塩基だけ異なる部分（一塩基多型またはＳＮＰ：スニップとよばれる）を調べるのです

（スニップ解析）。これらのサービスは、それぞれ特徴があるものの、いずれもゲノムのスニップを中心に解析して、その結果から疾患や個性の予測などを行ないます。これらのサービスで解析できるゲノムの情報は、全体の塩基の違いに対して、ほんの一部です。前に述べたように鉄道に例えるなら、路線のレール全体をくまなく調べようとするのは１０００ドルゲノムの解析方法ですが、よく問題が生じる路線のレールの箇所だけを選んで調べるのがスニップ解析です。したがって、スニップ解析では全体の状態が把握できるわけではなく、おおよその部分的な状態がわかるだけです。ですから、そこから得られる情報は限られたものであり、全体の状態を知るには不十分です。

では、このスニップ解析で得られる情報をどのように使うのでしょうか？　実は、各社ともこの遺伝子診断キットの位置づけに苦慮しています。医療用情報として宣伝しようとすると、そのためにクリアしなければいけない点があまりにも多くなり、現実的ではありません。そこで、これらの遺伝子診断キットは、医療用情報に限らず、すでに論文などで報告されているスニップのなかから、形質に影響をおよぼす可能性が高いものを選んで作製されています。

前出のデイヴィーズやコリンズは著書のなかで、各社とも、この遺伝子検査を行なうことで恩恵を受けた成功例があることをアピールしていると紹介しています。たとえば、デコード社の共同創業者であるジェフリー・ガルチャー医師は、会社が販売した遺伝子診断キットを使って、頬の内側粘膜から採取した細胞の解析を受けました。ゲノム全体で約60万カ所におよぶ多型配列の解析結果を得たのです。さまざまな遺伝的性質が示されたなかで、彼の前立腺がんを発症するリスクは通常の約1・9倍、つまり一生のうちに前立腺がんになる確率は三分の一であると知らされたのです。彼は、主治医に相談して、詳しい検査を受けたところ、なんとすでに前立腺がんを患っていることが判明し、早期に治療することに成功したというのです。

また、ナビジェニック社の共同創業者であるデイヴィッド・エイガスは、自社の宣伝用パーティーの席上で検査にチャレンジして、その結果、一生のうちに心臓発作を起こす確率が通常の約2倍、実に80パーセントであることを知り、その後は体調管理に注意を払っているそうです。

さらに、23アンド・ミー社のＣＥＯウォジツキの夫であるブリン氏が検査を受けたところ、自身の身内にもいることから恐れていた、家族性のパーキンソン病の原因となる変異遺伝子をもっていることが判明したのです。これにより、ブリンが生涯でパーキンソン病を発症するリスクはおおよそ60パーセントくらいになると考えられます。その結果を知った彼は、ショックを受けるどころか、むしろこれを前向きにとらえて、その対応や今後の生き方を改めて考える機会にしているということです。

このように、3社ともにその創業者の身近なところで、遺伝子診断の結果が役に立った例を紹介しています。これらは、宣伝効果を狙った面もあるでしょうから、素直にすべてを受け入れるわけにはいかないでしょうが、うまく役立ったことも実際にあったのでしょう。では、こうした実例は多くの利用者にも当てはまるのでしょうか？　具体的に遺伝子名が示されているわけではないので定かではありませんが、ガルチャーの場合に生涯で前立腺がんになるリスクが33パーセント、エイガスの場合は一生で心臓発作を起こすリスクが80パーセントになるということですから、非常に効果の大きい遺伝子変異ということになります。また、ブリンの家系には家族性パーキンソン病があり、その原因となる変異を彼がもっているというのも、一般集団のなかでは非常にまれなケースです。

一般の人の多くは、このような大きな効果をもった遺伝子異常をもたずに病気になることが多いので、遺伝子診断がどこまで将来の病気を予測するのに役立つかは大きな疑問があります。一般の人の場合は、おそらく大きな効果をもつ遺伝子変異はあまり見つかってこないでしょう。そのかわり、糖尿病にかかるリスクが数パーセント高かったり、心臓病にかかるリスクが少し低かったりするような結果が送られてくるのです。しかも、その結果は検査会社により異なっているとしたらどうでしょう。このような予測は実際に役立つレベルではなさそうです。

こうした予測精度の低さは、どのような理由で生じるのでしょうか？　ここで、第6章で述べたことを思い出してください。遺伝子診断の解釈で利用されている遺伝子の情報は、ありふれた病気の関連遺伝子などの研究で得られた成果をもとにしています。こうした研究で得られた個々の遺伝子の効果はとても小さく、そのためたくさんの遺伝子の関与が必要です。ある研究ではたしかに「検出された」と報告され、違う研究では否定される研究成果も多くあります。少なくともいえるのは、仮にそれらの遺伝子が本当にありふれた疾患に関わっていたとしても、その効果はあるかどうかほとんどわからないほど小さいということです。これは、現在このような研究にたずさわる多くの研究者の間で共有されている結論なのです。

では、小さな効果をもった、こうしたたくさんの遺伝子の型を遺伝子診断で解析することで、その人のありふれた疾患にかかるリスクを予測できるでしょうか？　つまり、糖尿病や高血圧など、さらに行動関連では、統合失調症やうつ病などの病気にかかる可能性をどの程度予測できるかということです。あるいは、遺伝子診断の結果から人の個性を推定することは可能なのでしょうか？　現時点では信頼性の高い予測は望めそうにありません。それが、遺伝子診断サービス会社により結果が異なる理由でもあります。

第9章

思ったより複雑な個性と遺伝子の関係

｜　個性と遺伝子の関係を理解するために

私が小学校に通っていた１９７０年頃の天気予報は、あまりあてになりませんでした。翌日の天気が晴れと予報されたのに雨が降ってもまったく驚かなかったものです。おそらく雨雲の細かな動きまでは予測できなかったのでしょう。ましてや向こう1週間の天気予報など参考にもならない気がしたものです。現在は、知識と情報が格段に増えて、低気圧や高気圧の局地的な微妙な動きや相互の関係性、それに伴う前線の動きなどが正確にわかるようになり、週間の天気予報の精度もかなり高くなってきています。単純な比較はできませんが、現在の遺伝子診断は、１９７０年頃の天気予報よりもひどい状態といえるかもしれません。しかし、遺伝子診断もいずれは現在の天気予報のように精度が高くなる時代がくることが期待されます。

ここまで、性格の個人差に関わる遺伝子を探すのは難しいことだと説明しました。私はあまり大風呂敷を広げて話をするのが好きではないので、少し悲観的な表現になってしまったかもしれません。それでも、将来を見据えて、性格やありふれた病気に関わる遺伝子を探すためにどのようにすればいいのか考えていきましょう。

ＭＡＯＡ遺伝子が壊れることで反社会的行動を起こしてしまう病気になる例や、ＤＩＳＣ１遺伝子が壊れて統合失調症を発症する例のように、集団中で非常にまれではあるけれども、ひとつの遺伝子が壊れたために病気を発症するような、大きな効果をもった遺伝子を見つけることはまだまだ必要でしょう。一方で、一般の多くの人が抱えるありふれた病気や個性に関わる遺伝子は、あまりにもその数が多く、しかもひとつひとつの遺伝子のもつ効果はとても小さいことがわかってきました。そのため、全体の形質に対する効果を個々の遺伝子レベルで議論することは難しいのが実情です。では、どのようにして、遺伝子と性格や行動、ありふれた疾患との関係を理解すればいいのでしょうか？

今後私たちは、ゲノム上のあらゆる配列の違いをパーソナルゲノミクスで明らかにして、得られる限りの配列の違いと形質の情報を計算に加え、その膨大な情報から人の個性や病気のリスクを予測する新たなシステムをつくり上げる必要があるのでしょう。

個々の小さな情報の積み重ねにより、全体像を導き出す知恵を獲得しなければ、現在のゲノム遺伝学の抱える問題点は克服できないと考えられるのです。そのためのゲノム情報収集の試みは、1000ドルゲノム時代の到来により個人ゲノムの解読が可能となりつつあるいま、ようやく始まったばかりです。しかし、その計算方法の開発と情報収集のスピードは、技術の進歩とともに飛躍的に早くなっています。まだまだ先のことだろうと思っていたことが、10年後あるいは20年後には当たり前の状況になることもあり得るのです。詳細なゲノム情報をもとに精度の高い予測が可能になったとき、映画『ガタカ』のような暗い世の中ではなく、笑顔があふれる世の中にしたいものです。私たちの社会はそのために、技術と科学の進歩に適切に対応するための力を身に着ける必要があるのです。

2　性格は親から子へと受け継がれるか？

性格や行動、さらにありふれた疾患などの個性に関わる遺伝子は、ゲノム上に数多く存在しています。そのような遺伝要因はどのようにして親から子へと受け継がれるのでしょうか？

人は、父親から受け継いだ遺伝子と母親から受け継いだ遺伝子をペアにしてもっています（男性において、性染色体であるX染色体上の遺伝子は母親からのみ受け継ぎ、父親からは遺伝子がほとんど存在しないY染色体を受け継ぐため、性染色体は例外）。常染色体上の遺伝子がこのように2つをペアにしているため、父親と母親の両方から約2万個の遺伝子をそれぞれ受け継いでいるのです。これらを次の世代に受け渡す際にはどのようになるのでしょうか？

それぞれの染色体には平均で１０００個程度の遺伝子が存在していることになります。かなり多くの遺伝子がひとつの染色体にのっているのです。マウスのコンソミック系統のところでも述べたように、ある特定の性格に関係する遺伝子は多くの染色体上に存在しています。マウスの場合、明らかな効果をもっているものだけでも約半数の10本程度あると考えられます。ごく小さな効果をもつ遺伝子も含めると、ほとんどの染色体は特定の性格に関連する遺伝子をもっています（図19）。つまり、それぞれの染色体が性格形成に何らかの役割を果たしているのです。

社会性という性格に関わる遺伝子が、ほとんどの染色体にのっていたとしましょう。ここでは仮に、社会性を高める染色体の効果を〝1〟とし、社会性を低くする染色体の効果を〝-1〟、効果のない染色体を〝0〟であらわします。人の場合、性染色体を除くと22対の染色体があり、すべてを加減で計算した結果がその人のもつ社会性に関する遺伝子の効果とします（図21）。もちろん、実際にはこのように単純ではなく、染色体の効果はもっと複雑ですが、わかりやすいようにここでは単純化してあらわしています。

母親の場合、祖母と祖父に由来する染色体を合わせた結果、表現型に対する遺伝子効果は〝-2〟です。同様に、父親の場合は同様に計算して〝5〟になりました。卵子と精子はそれぞれ、母親のもつ2本の染色体のうちの1本を、父親のもっている2本の染色

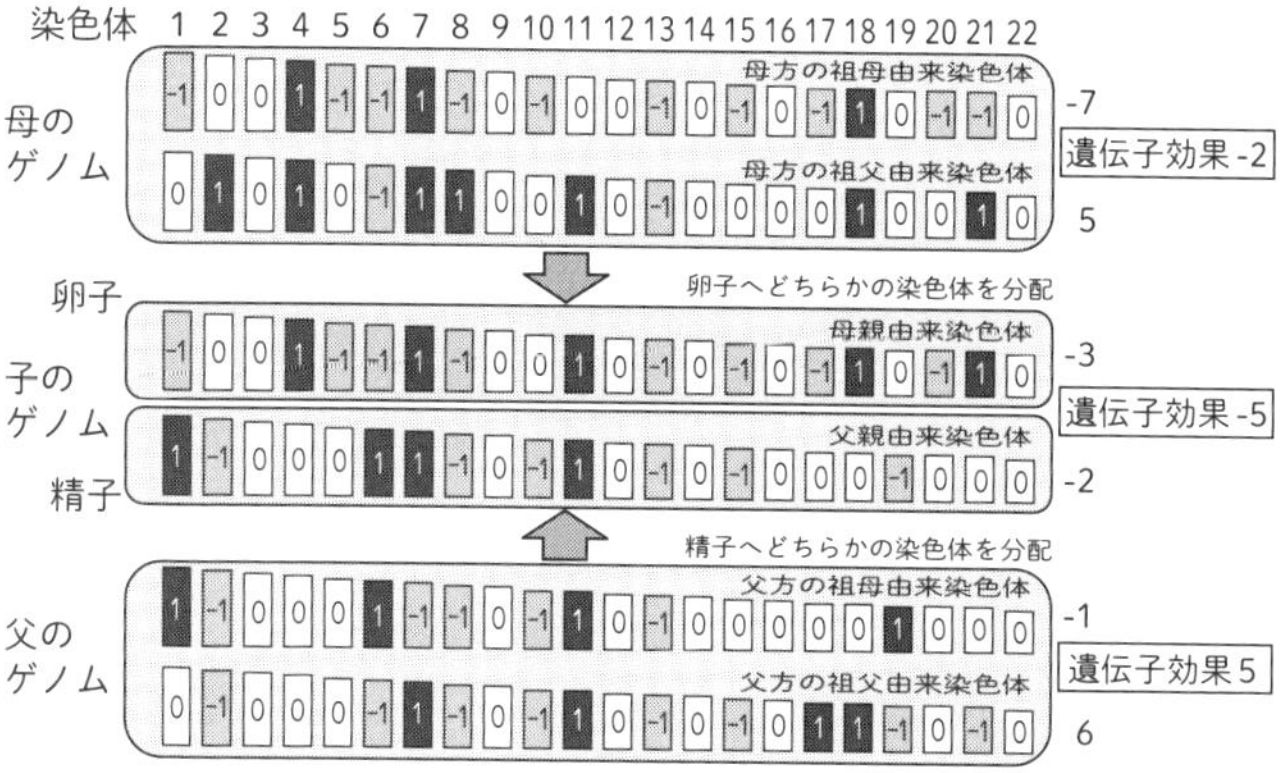

図21　特定の表現型について見た場合、人の23対のほとんどの染色体上には関連遺伝子が存在すると考えられる。このペアの染色体のうち、片方のみがランダムに選ばれて生殖細胞へと受け継がれ、受精後に新たな染色体の組み合わせができる。この際に、親の表現型はもはや遺伝しているとはいいがたい

体のうちの1本といった具合に、各染色体についてランダムに受け継ぐ結果、子の世代ではすべてまったく新たな染色体の組み合わせとなります。図21では、卵子が受け継ぐ遺伝子効果は〝-3〟となり、精子が受け継ぐ遺伝子効果は〝-2〟になっています。その結果、受精により生まれる子のゲノムにおける遺伝子効果は、偶然の産物として〝-5〟になっています。

　これでは、社会性という形質に関わる遺伝子の効果として、親のどの遺伝子の効果を子が受け継いでいる

のか説明が難しいでしょう。また、父親と母親のどちらの社会性を受け継いでいるのかもうまく説明できません。でも実際に遺伝子効果は、このような複雑なしくみでできあがっていると考えられるのです。

さらに、複雑なことが生命の中では起きています。個性に関わる遺伝子が全体で100個もあれば、それらはひとつの染色体の上に複数のっていることは容易に想像できると思います。ここで、祖先から受け継いだ遺伝子のタイプが、同じ染色体上でいつも一緒に次の世代へと受け継がれるとは限らないのです。

父親と母親から受け継いだ染色体は、生殖細胞をつくる際にところどころで入れ替えて（減数分裂期組み換えという）子供へと引き渡されます（図22）。先に染色体は鉄道の路線、父親と母親から受け継いだ染色体はそれぞれ、上り線（レール）と下り線という例えで紹介しました。この上り線と下り線はところどころで交差して、線路を入れ替えたのちにつなぎ直して新たに引き渡すというのです。まさか実際の鉄道網ではこんな面倒なことはやっていないでしょうが、染色体ではこれが行なわれているのです。このように、生殖細胞をつくるときに父親由来と母親由来の染色体を部分的に組み換えるこ

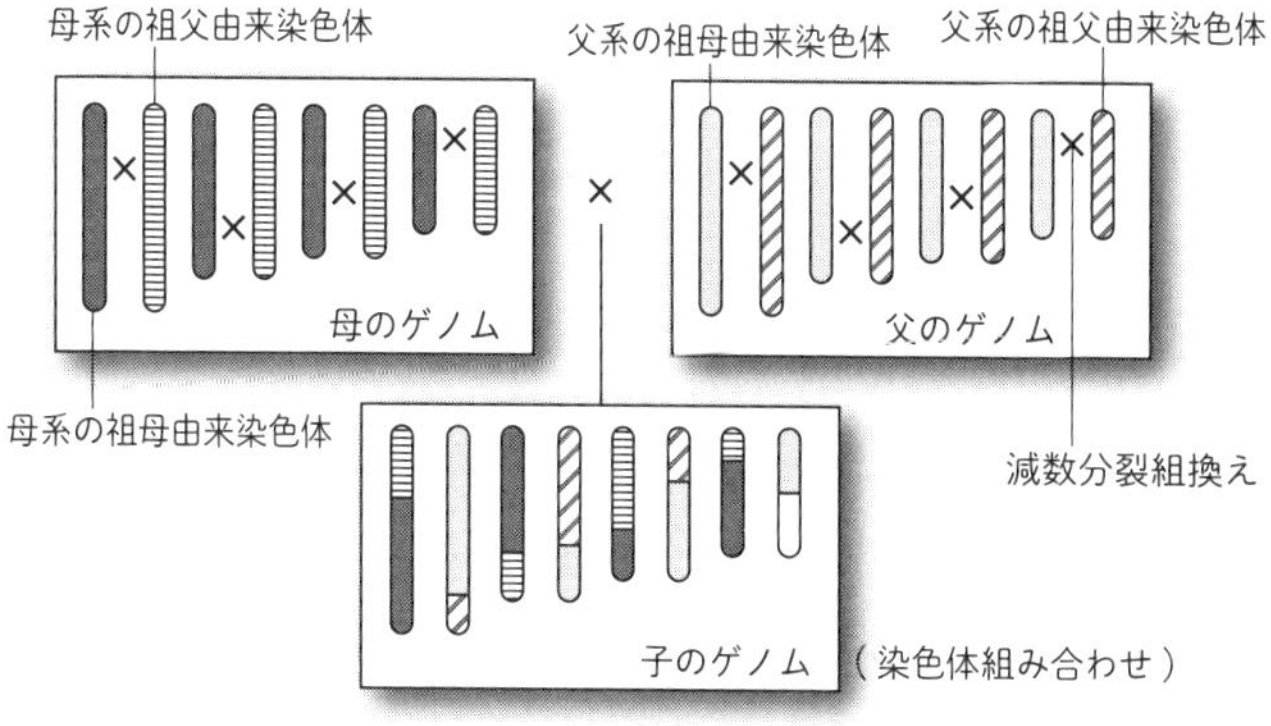

図 22　染色体が受け継がれる際には、減数分裂期組換えにより染色体が組み換えられて、母および父由来の染色体は新たな組み合わせで子へと伝わる

とによって、それぞれの特徴を平均化して、新たな染色体を生み出すことができます。

性格や行動、それにありふれた疾患に関わる遺伝子は、数十から場合によっては１００個以上ある例を紹介しました。これらが次世代に受け継がれる際には、父親あるいは母親から来た遺伝子のいずれを次世代に渡すのかは、染色体の「組み換え」と「分配」により、ほとんどランダムに決定されることになります。このように、形質としての親の性格は、単純に子供へと遺伝することは考えられません。受精卵ができた時点で、膨大な可能性のなかから「偶然」生じた組み合わせが、私たちそれぞれの個人を形成するもとになります。

このように、個性と遺伝の関係を考える際には、親から子への形質の遺伝を考えるよりも、それぞれの人が生まれた際に親からもらった遺伝子の偶然による組み合わせが大きな役割を果たしていると考えるべきなのです。これがそれぞれの人の個性に関わる遺伝的要因をつくりだすしくみなのです。

おわりに——個性とともに生きるために

ここまで述べてきたように、個性はその人がもっている遺伝子の組み合わせに強い影響を受けることがわかってきました。受精卵が偶然に獲得した、世界にひとつの遺伝子の組み合わせこそが個性をつくるもとになっているのです。同時に、生まれてからの環境がもたらす影響の重要性も紹介してきました。これらの遺伝子と環境のおよぼす影響は、それぞれ独立しているのではなく、相互作用というかたちで関連し合っていることも紹介しました。このように、私たちの個性は、多くのものの影響を受けつつ成り立っているのです。

自分に社会性があっていろいろな人と積極的に話をするのも、読書が好きで時間があれば部屋の中で読書をするのが好きなのも、スポーツが好きで時間に余裕があれば運動をするのも、自分で選んだ結果そうしているように思います。しかし、その裏には遺伝子が「そうしなさいよ」と陰でそそのかしているのだとすると、私たちの意思はいったい何だったのかと不思議な気がします。

しかし、遺伝子ができることは限られています。生まれたときにもっている遺伝子が「そうしなさいよ」とそそのかしているとしても、環境次第でそのそそのかす強さや方向が違ってくることもあるのです。そうしたさまざまな影響を無視して、私たちの個性を語ることはできません。

私たちの個性はとても多様です。世界で個性の似た人はいても、誰ひとりとして同じ個性をもつ人はいません。たとえ一卵性の双子であっても、生活してきた環境の影響を受けて独自の個性が形成されていくわけなので、同じ個性になることはあり得ないのです。しかし、一般的には、この生まれながらにもつ個性の多様性が軽視されすぎているように思います。もともと考え方もひとりひとり違いますし、育った環境も異なります。

小学校の授業中に児童がどんなことを考えているかなんて、それぞれバラバラです。今夜のごはんは何だろうと考えている食いしん坊さん、初恋の子をこっそり眺めているおませさん、何も考えずに無の世界に入っているぼんやりさん、もちろん一生懸命勉強している熱心な子もいるでしょう。誰ひとりとして同じことはありません。しかも、同じ授業で先生の話を聞きながら、その受け取り方は違うのです。先生に出されたリンゴの数で考える算数の足し算の問題で、正解を一生懸命に考える真面目な子もいれば、リンゴを食べたいと思う子もいるでしょうし、「リンゴを誰かにもらって、またそれを他の人にあげるなんてあるのだろうか……」と問題設定の不思議さに悩む子もいるかもしれません。こう考えると、人と接するのは、とても難しいことだといえるでしょう。これは学校のなかだけの問題ではなく、家庭でも社会でも同じことがいえます。

偉大な発明王として知られるトーマス・エジソンは、幼少期に問題行動が多かったことは有名な話です。家では「なぜ物が燃えるのか？」という疑問をもち、わらを燃やして、納屋を火事にしたこともあります。また、学校でも「なぜ？」の問いをやめず、授業に支障をきたす子供でした。結局、トーマスは小学校を中退せざるを得なくなるのです。そのときに、家庭で辛抱強く勉強を教えて、トーマスに学ぶことの楽しさに気づかせたのは彼の母親ナンシーだったといいます。ナンシーは、ありのままのトーマスを愛して、個性を認めていたのです。

これと似た例は、高齢になったいまでもテレビ番組で、あとからあとからあふれてくるような軽快なおしゃべりで活躍されている、黒柳徹子さんの自叙伝『窓際のトットちゃん』でも見られます。この本によると、黒柳さんは多くの問題行動を起こして、小学校を退学となります。その後、新たな学校に通うことになり、その学校の校長先生が黒柳さんの個性を認めてくれたことで、その後学んでいくことができたと書かれています。

個性はさまざまです。磨けば世の中に輝かしい貢献をするものもたくさんあるでしょう。伸ばすと素晴らしくなるものもある一方で、望ましいとは思えないものもあります。個性を語る際には、よい面だけに目を向けるのでなく、負の面も見る必要があります。場合によっては、将来的には抑えて表に出にくくしたり、違うかたちで個性があらわれるようにする必要もあるかもしれません。それでも、その個性は、人が生まれたときに偶然手に入れた遺伝子と、生後のさまざまな経験のなかで獲得された、その人がその人たる特徴そのものです。無視するのではなく、まずは個性の存在を認めるところから始めることが重要なのです。

最後になりましたが、本書の出版に多大なるご尽力をいただいた、永瀬敏章氏をはじめとする、ベレ出版の方々に心より感謝申し上げます。

2015年12月　小出　剛

参考文献

第1章

Tsuboko S, Kimura T, Shinya M, Suehiro Y, Okuyama T, Shimada A, Takeda H, Naruse K, Kubo T, Takeuchi H. Genetic control of startle behavior in medaka fish. *PLOS ONE* 13, e112527, 2014.

Planas-Sitjà I, Deneubourg J-L, Gibon C, Sempo G. Group personality during collective decision-making：a multi-level approach. Proceedings of the Royal Society B：*Biological Sciences* 282, 20142515, 2015.

第2章

下山晴彦（編集）『誠信心理学辞典 新版』誠信書房、２０１４年

ダニエル・ネトル(著) 竹内和世(訳)『パーソナリティを科学する』白揚社、２００９年

金井良太『個性のわかる脳科学』岩波書店、２０１０年

DeYoung CG, Hirsh JB, Shane MS, Papademetris X, Rajeevan N, Gray JR. Testing predictions from personality neuroscience：Brain structure and the Big Five. *Psychological Science* 21, 820-828, 2010.

Freund J, Brandmaier AM, Lewejohann L, Kirste I, Kritzler M, Krüger A, Sachser N, Lindenberger U, Kempermann G. Emergence of individuality in genetically identical mice. *Science* 340, 756-759, 2013.

第3章

マット・リドレー(著)　中村桂子、斉藤隆央(訳)　『やわらかな遺伝子』　紀伊國屋書店、２００４年

Galton F. *The history of twins, as a criterion of the relative powers of nature and nurture*. 1876.

Bouchard TJ Jr, Lykken DT, McGue M, Segal NL, Tellegen A. Sources of human psychological differences：the Minnesota Study of Twins Reared Apart. *Science* 250, 223-228, 1990.

Pedersen NL, McClearn GE, Plomin R, Nesselroade JR. Effects of early rearing environment on twin similarity in the last half of the life span. *British Journal of Developmental Psychology* 10, 255-267, 1992.

Dubois L, Kyvik KO, Girard M, Tatone-Tokuda F, Pérusse D, Hjelmborg J, Skytthe A, Rasmussen F, Wright MJ, Lichtenstein P, Martin NG. Genetic and environmental contributions to weight, height, and BMI from birth to 19 years of age：an international study of over 12,000 twin pairs. *PLOS ONE* 7, e30153, 2012.

安藤寿康　『遺伝と環境の心理学』　培風館、２０１４年

Riemann R, Angleitner A, Strelau J. Genetic and Environmental Influences on Personality：A Study of Twins Reared Together Using the Self- and Peer Report NEO-FFI Scales. *Journal of Personality* 65, 449-475, 1997.

青木純一郎他（財団法人日本体育協会、スポーツ医・科学専門委員会、高地トレーニング医・科学サポート研究班）『高地トレーニング――ガイドラインとそのスポーツ医科学的背景』 日本体育協会 ２００２年

Cadoret RJ, Cain CA, Crowe RR. 1983 Evidence for Gene-Environment Interaction in the development of adolescent antisocial behavior. *Behavior Genetics* 13, 301-310, 1983

第４章

Jackson IJ, Bennett DC. Identification of the albino mutation of mouse tyrosinase by analysis of an in vitro revertant. *Proceedings of the National Academy of Sciences U S A* 87, 7010-7014, 1990.

中村貴子 「お酒やコーヒーなど日常的飲み物と日本人の遺伝子」 筑波大学技術報告31、33-38、２０１１年

Ramchandani VA. Genetics of Alcohol Metabolism. In “Alcohol, Nutrition, and Health Consequences, Nutrition and Health” R.R. Watson *et al.* (eds.) *Springer Science+Business Media New York* 2013.

Okano Y1, Asada M, Kang Y, Nishi Y, Hase Y, Oura T, Isshiki G. Molecular characterization of phenylketonuria in Japanese patients. *Human Genetics* 103, 613-618, 1998.

中村雅悦　「フェニルケトン尿症・高メチオニン血症の分子病理と遺伝子診断」　蛋白質核酸酵素43、№6、762－769、1998年

Verkerk AJ, Pieretti M, Sutcliffe JS, Fu YH, Kuhl DP, Pizzuti A, Reiner O, Richards S, Victoria MF, Zhang FP. Identification of a gene (FMR-1) containing a CGG repeat coincident with a breakpoint cluster region exhibiting length variation in fragile X syndrome. *Cell* 65, 905–914, 1991.

第5章

ドナ・ウィリアムズ(著)　河野万里子(訳)　『自閉症だったわたしへ』　新潮社、1993年

厚生労働省ホームページ　「精神疾患のデータ」http://www.mhlw.go.jp/kokoro/speciality/data.html

Brunner HG, Nelen M, Breakefield XO, Ropers HH, van Oost BA. Abnormal Behavior Associated with a Point Mutation in the Structural Gene for Monoamine Oxidase A. *Science* 262, 578-580, 2007.

岡田尊司　『統合失調症』　PHP新書、p99、2010年

南條竹則　『吾輩は猫画家である』　集英社新書、2015年

ルイス・ウェイン https://ja.wikipedia.org/wiki/ルイス・ウェイン

Blackwood DH, Fordyce A, Walker MT, St Clair DM, Porteous DJ, Muir WJ. Schizophrenia and affective disorders--cosegregation with a translocation at chromosome 1q42 that directly disrupts brainexpressed genes：clinical and P300 findings in a family. *American Journal of Human Genetics*. Genet. 69, 428–433, 2001.

Schizophrenia Working Group of the Psychiatric Genomics Consortium. Biological insights from 108 schizophrenia-associated genetic loci. *Nature* 511, 421-427, 2014.

第6章

Ebstein RP, Novick O, Umansky R, Priel B, Osher Y, Blaine D, Bennett ER, Nemanov L, Katz M, Belmaker RH. Dopamine D4 receptor (D4DR) exon III polymorphism associated with the human personality trait of novelty seeking. Nature Genetics 12, 78-80, 1996.

Benjamin J, Li L, Patterson C, Greenberg BD, Murphy DL, Hamer DH. Population and familial association between the D4 dopamine receptor gene and measures of Novelty Seeking. *Nature Genetics*. 12, 81-84, 1996.

McCarthy MI, Abecasis GR, Cardon LR, Goldstein DB, Little J, Ioannidis JP, Hirschhorn JN. Genome-wide association studies for complex traits：consensus, uncertainty and challenges. *Nature Reviews Genetics*. 9, 356-369, 2008.

Lesch KP, Bengel D, Heils A, Sabol SZ, Greenberg BD, Petri S, Benjamin J, Müller CR, Hamer DH, Murphy DL. Association of anxiety-related traits with a polymorphism in the serotonin transporter gene regulatory region. *Science* 274, 1527-1531, 1996.

Flint J, Greenspan RJ, Kendler KS. *How genes influence behavior*. Oxford University Press, 2010.

Munafo MR, Clark TG, Moore LR, Payne E, Walton R, Flint J. Genetic polymorphisms and personality in healthy adults: a systematic review and meta-analysis. Molecular Psychiatry 8, 471-484, 2003.

Caspi A, McClay J, Moffitt TE, Mill J, Martin J, Craig IW, Taylor A, Poulton R. Role of genotype in the cycle of violence in maltreated children. *Science* 297,851-854, 2002.

Prichard Z, Mackinnon A, Jorm AF, and Easteal S. No evidence for interaction between MAOA and childhood adversity for antisocial behavior. *American Journal of Medical Genetics Part B (Neuropsychiatric Genetics)* 147B, 228–232, 2008.

Valdar W, Solberg LC, Gauguier D, Burnett S, Klenerman P, Cookson WO, Taylor MS, Rawlins JN, Mott R, Flint J. Genome-wide genetic association of complex traits in heterogeneous stock mice. *Nature Genetics*. 38, 879-887, 2006.

第7章

Watanabe A, Toyota T, Owada Y, Hayashi T, Iwayama Y, Matsumata M, Ishitsuka Y, Nakaya A, Maekawa M, Ohnishi T, Arai R, Sakurai K, Yamada K, Kondo H, Hashimoto K, Osumi N, and Yoshikawa T：Fabp7 maps to a quantitative trait locus for a schizophrenia endophenotype. *PLoS Biology*, 5, e297, 2007.

Takahashi, A., Kato, K., Makino, J., Shiroishi, T., Koide, T. Multivariate analysis of temporal descriptions of open-field behavior in wild derived mouse strains. *Behavior Genetics* 36, 763-774, 2006.

Takada T, Mita A, Maeno A, Shitara H, Kikkawa Y, Moriwaki K, Yonekawa H, Shiroishi T. Mouse inter-subspecific consomic strains for genetic dissection of quantitative complex traits. *Genome Research* 18, 500-508, 2008.

Takahashi, A.; Nishi, A., Ishii, A., Shiroishi, T., Koide, T. Systematic analysis of emotionality in consomic mouse strains established from C57BL/6J and wild-derived MSM/Ms. *Genes, Brain and Behavior* 7, 849-858, 2008.

第8章

ケヴィン・デイヴィーズ(著)　篠田謙一（監修）武井摩利（訳）『１０００ドルゲノム――10万円でわかる自分の設計図』創元社、２０１４年

フランシス・S・コリンズ(著)　矢野真千子(訳)『遺伝子医療革命――ゲノム科学がわたしたちを変える』ＮＨＫ出版、２０１１年

おわりに

ヘンリー幸田『天才エジソンの秘密――母が教えた7つのルール』講談社、２００６年

黒柳徹子『窓ぎわのトットちゃん』講談社文庫、１９８４年

著者略歴

小出 剛（こいで つよし）

国立遺伝学研究所 マウス開発研究室 准教授。
専門は行動遺伝学。医学博士。
著書に『マウス実験の基礎知識』（編著、オーム社）、『行動遺伝学入門』（編著、裳華房）、『遺伝子が語る生命38億年の謎』（共著、悠書館）などがある。

個性《こせい》は遺伝子《いでんし》で決《き》まるのか

2015年12月25日　初版発行

著者	小出《こいで》 剛《つよし》
DTP	WAVE 清水 康広
図版	藤立 育弘
校正	曽根 信寿
カバーデザイン	末吉 亮（図工ファイブ）

発行者	内田 真介
発行・発売	ベレ出版 〒162-0832　東京都新宿区岩戸町12 レベッカビル TEL.03-5225-4790 FAX.03-5225-4795 ホームページ　http://www.beret.co.jp/ 振替 00180-7-104058
印刷	モリモト印刷株式会社
製本	根本製本株式会社

落丁本・乱丁本は小社編集部あてにお送りください。送料小社負担にてお取り替えします。

ISBN 978-4-86064-457-4 C0045　　編集担当　永瀬 敏章